算法构建论文层次学科分类体系的应用研究

Research on the Application of Algorithmically Constructed Paper-level Subject Classification

耿海英 著

图书在版编目（CIP）数据

算法构建论文层次学科分类体系的应用研究/耿海英著. —北京：知识产权出版社，2023.5
ISBN 978-7-5130-8746-9

Ⅰ.①算… Ⅱ.①耿… Ⅲ.①科学计量学—研究 Ⅳ.①G301

中国国家版本馆 CIP 数据核字（2023）第 079431 号

责任编辑：龚　卫　　　　　　　　　责任印制：刘译文
执行编辑：王禹萱

算法构建论文层次学科分类体系的应用研究
SUANFA GOUJIAN LUNWEN CENGCI XUEKE FENLEI TIXI DE YINGYONG YANJIU
耿海英　著

出版发行：	知识产权出版社有限责任公司	网　址：	http://www.ipph.cn
电　话：	010-82004826		http://www.laichushu.com
社　址：	北京市海淀区气象路 50 号院	邮　编：	100081
责编电话：	010-82000860 转 8120	责编邮箱：	gongway@sina.com
发行电话：	010-82000860 转 8101	发行传真：	010-82000893/82005070/82000270
印　刷：	三河市国英印务有限公司	经　销：	新华书店、各大网上书店及相关专业书店
开　本：	880mm×1230mm　1/32	印　张：	7.5
版　次：	2023 年 5 月第 1 版	印　次：	2023 年 5 月第 1 次印刷
字　数：	175 千字	定　价：	48.00 元

ISBN 978-7-5130-8746-9

出版权专有　侵权必究
如有印装质量问题，本社负责调换。

前　言

　　学科分类是科学知识之间内在结构的外在表现，是科学规划与决策的基础，广泛应用于与科学相关的各种活动，如科学研究、教育、信息资源管理、科研管理等。而学科分类体系是根据各门学科的研究对象与它们之间的相互关系，对各门学科进行区分和组织，以确定每门学科在科学总联系中的地位，解释整个科学的内部结构，建立起符合科学发展规律的体系框架。当前大多数学科分类体系是基于相关专家长期以来的科学实践经验以及对研究内容、研究方法的分析和阐释得到的。本书所称基于专家的传统学科分类体系，主要有文献分类体系、国际/国家标准分类体系、学位教育分类体系、科学基金申请资助分类体系等。传统学科分类体系一般都体系结构完整，层级清晰，相对稳定。这也意味着这种分类体系更新周期较长，在反映知识内容和知识间的关联结构方面都具有滞后性，不能及时反映最新研究领域和知识之间的交叉与融合，也不能及时反映学科结构的动态变化。

　　随着科学知识的迅速增长及技术的发展，从基本的知识单元出发，依靠知识之间的相互关系自组织构建学科分类体系成为可能，其中基于论文层次的学科分类逐渐成为科学计量学界关注的重点。本书将这种基于算法自下而上自组织生成的论文层次的学科分类体系称为算法构建论文层次的学科分类体系。近年来，国际上算法构建论文层次学科分类体系快速发展并逐渐得到应用，尤其是科学计量学界，已有一些学者或研究团队基于算法构建了一些分类体系，并用于科学计量分析和评价。但是，算法构建论文层次学科分类体系作为以科学计量学界研制并应用为主的分类体系，应用中还缺少理论支撑，对其应用中的优势和不足的研究还比较少。基于此，本书将对这种分类体系展开深入研究，尤其是注重研究其在科学计量学中的应用。

本书系统梳理了算法构建论文层次学科分类体系相关研究，较为详细地阐述其发展历程、构建方法和主要应用领域；在从理论和数据实证视角比较多种学科分类体系的基础上充分揭示了算法构建论文层次学科分类体系的特点；将应用比较研究聚焦科学计量学的三个主要方面，分析了算法构建论文层次学科分类体系在构建领域数据集、学科标准化和学科结构分析中的优势和不足，促进了科学计量学的发展。本书在已有研究基础上界定的算法构建论文层次学科分类体系的概念和内涵，一定程度上丰富和完善了学科分类理论和方法，拓展了学科分类体系外延。

由于个人能力和时间所限，本书仅着重探讨了算法构建论文层次学科分类体系的特点和应用，还有很多值得深入研究和改进的空间。例如，本书中的所有实证分析都是基于已有的算法构建的论文层次学科分类体系，而不是自己构建；案例选择主要依据个人研究侧重点，代表性有待进一步斟酌；应用场景局限于科学计量学。随着技术和开放数据的发展，算法构建论文层次学科分类体系的构建方法将不断更新，应用领域也将不断拓展，希望未来在构建方法、应用领域等方面继续深入研究。

最后，衷心感谢我的博士生导师杨立英研究员和副导师沈哲思副研究员。他们在本书研究和撰写过程中一直给予悉心指导和帮助。

目 录

第1章 绪 论 ··· 001
1.1 研究背景和意义 ··· 001
1.1.1 研究背景 ··· 001
1.1.2 研究意义 ··· 005
1.2 概念的界定 ··· 006
1.2.1 学科 ··· 006
1.2.2 分类 ··· 008
1.2.3 学科分类和学科分类体系 ··· 009
1.2.4 算法构建论文层次学科分类体系 ··· 010
1.3 研究内容和方法 ··· 013
1.3.1 研究对象 ··· 013
1.3.2 研究思路 ··· 013
1.3.3 框架结构 ··· 015
1.3.4 研究方法 ··· 015
1.4 研究内容的组织结构 ··· 016

第2章 算法构建论文层次学科分类体系研究进展 ··· 018
2.1 发展历程 ··· 018
2.1.1 共被引聚类探索学科结构阶段 ··· 018
2.1.2 算法构建期刊层次分类体系为主的阶段 ··· 020
2.1.3 论文层次分类体系快速发展的阶段 ··· 021

2.1.4 小结 ………………………………………………… 023
2.2 构建方法研究 …………………………………………… 024
　　2.2.1 构建流程 ……………………………………… 024
　　2.2.2 构建数据关系 ………………………………… 026
　　2.2.3 聚类方法 ……………………………………… 030
　　2.2.4 描述学科领域 ………………………………… 031
2.3 特点研究 ………………………………………………… 032
2.4 应用研究 ………………………………………………… 033
　　2.4.1 构建领域数据集 ……………………………… 033
　　2.4.2 描述学科结构 ………………………………… 034
　　2.4.3 学科标准化 …………………………………… 035
2.5 具体案例：引文主题（Citation Topics，CT）……… 038
　　2.5.1 CT 基本情况 ………………………………… 038
　　2.5.2 CT 更新 ……………………………………… 040
　　2.5.3 CT 使用 ……………………………………… 040
2.6 发展方向 ………………………………………………… 041
　　2.6.1 探索基于深度学习文档表征技术构建数据关系 … 041
　　2.6.2 人文社会科学的构建方法研究 ……………… 041
　　2.6.3 通过与其他学科分类体系的应用比较深入
　　　　　研究其特点 …………………………………… 042
2.7 本章小结 ………………………………………………… 042

第 3 章　算法构建论文层次学科分类体系的特点
——与传统学科分类体系比较的视角 ……………… 044
3.1 传统学科分类体系 ……………………………………… 045
　　3.1.1 文献分类体系 ………………………………… 045
　　3.1.2 国际/国家标准分类体系 …………………… 048

3.1.3 学位教育分类体系 ······ 051
3.1.4 科学基金分类体系 ······ 053
3.2 学科分类体系的自身特点比较 ······ 054
3.2.1 编制/构建方法 ······ 054
3.2.2 层级结构 ······ 055
3.2.3 更新周期 ······ 056
3.3 分类结果的比较 ······ 058
3.3.1 数据和方法 ······ 059
3.3.2 结果 ······ 063
3.3.3 结论与讨论 ······ 077
3.4 本章小结 ······ 079

第4章 构建领域数据集中的应用 ······ 080
4.1 领域数据集及其构建方法 ······ 080
4.1.1 构建领域数据集的常用方法 ······ 081
4.1.2 领域数据集的质量评估与结果比较 ······ 085
4.2 算法构建论文层次学科分类体系的应用 ······ 086
4.3 案例：基于CT与基于期刊构建数据集的比较
——以科学计量学为例 ······ 088
4.3.1 科学计量学及其研究内容 ······ 088
4.3.2 现有构建科学计量学数据集方法 ······ 090
4.3.3 数据和方法 ······ 091
4.3.4 研究结果 ······ 096
4.3.5 结论和讨论 ······ 109
4.4 本章小结 ······ 112

第5章 学科标准化中的应用 ······ 114
5.1 学科标准化及常用指标 ······ 115

5.1.1　学科标准化 …………………………………… 115
　　5.1.2　学科标准化常用指标 ………………………… 116
　5.2　学科标准化中的学科分类体系 ……………………… 121
　　5.2.1　期刊层次分类体系 …………………………… 121
　　5.2.2　算法构建论文层次学科分类体系 …………… 122
　　5.2.3　不同分类体系对学科标准化的影响比较 …… 124
　5.3　案例：不同学科分类体系对机构科研影响力
　　　　评价的影响 ………………………………………… 127
　　5.3.1　数据和方法 …………………………………… 127
　　5.3.2　研究结果 ……………………………………… 130
　　5.3.3　结论和讨论 …………………………………… 141
　5.4　本章小结 …………………………………………… 144

第6章　期刊学科结构与影响力评价中的应用 …………… 145
　6.1　期刊学科结构与影响力评价 ……………………… 146
　　6.1.1　期刊学科结构 ………………………………… 146
　　6.1.2　期刊影响力评价 ……………………………… 147
　6.2　期刊层次分类体系使用中的问题 ………………… 149
　6.3　案例：基于论文层次学科分类体系的期刊
　　　　主题画像与影响力 ………………………………… 150
　　6.3.1　数据和方法 …………………………………… 151
　　6.3.2　结果 …………………………………………… 153
　　6.3.3　结论 …………………………………………… 165
　6.4　本章小结 …………………………………………… 166

第7章　总结与讨论 ………………………………………… 167
　7.1　主要研究工作与结论 ……………………………… 168
　　7.1.1　算法构建论文层次学科分类体系的研究述评 … 168

  7.1.2 算法构建论文层次学科分类体系的特点研究 ··· 168
  7.1.3 科学计量学中的应用比较 ·················· 169
 7.2 主要贡献与创新 ································ 171
  7.2.1 充分揭示了各种学科分类体系的特点 ·········· 171
  7.2.2 应用比较研究聚焦于科学计量学的三个
    主要方面 ································ 171
  7.2.3 丰富和完善了学科分类理论和方法 ············ 172
 7.3 研究不足与展望 ································ 172
  7.3.1 研究不足 ································ 172
  7.3.2 研究展望 ································ 173
参考文献 ·· 175
附　表 ·· 192

图目录

图1-1 学科分类体系的应用场景 ………………… 003
图1-2 算法构建期刊层次学科分类体系 ………… 010
图1-3 算法构建论文层次学科分类体系 ………… 011
图1-4 研究内容框架结构 ………………………… 015
图2-1 发展历程中的关键节点 …………………… 023
图2-2 构建流程 …………………………………… 024
图2-3 构建示意图 ………………………………… 026
图2-4 CT体系结构 ………………………………… 039
图3-1 CT2与ESI、WOS分类结果比较的思路和方法…… 060
图3-2 ESI和CT2在删除各类目后的ARI变化情况 …… 064
图3-3 WOS和CT2在删除各类目后的ARI变化情况
    （仅列出提高和降低最多的前10个）………… 065
图3-4 ESI类目在CT2中的分布情况
    （横坐标是CT2的分类代码）………………… 068
图3-5 WOS类目在CT2中的分布情况
    （横坐标是CT2的分类代码）………………… 069
图3-6 CT2与ESI分类的文献共现图（上）和
    CT2与WOS分类的文献共现图（下）……… 074
图3-7 可持续发展（6.115）和气候变化（6.153）节点关系
    ………………………………………………… 076

图 3-8	农业政策（6.263）节点关系 076
图 4-1	论文层次学科分类体系辅助构建领域数据集流程 087
图 4-2	两个数据集的年代分布 100
图 5-1	不同分类体系下 CNCI 值相关性图（a）和 CNCI 排名相关性图（b） 132
图 5-2	36 所高校在部分分类体系下的散点图 135
图 5-3	三所高校在不同学科分类体系下的 CNCI 值 136
图 5-4	ESI、CT2、WOS 分类体系下不同学科 CNCI 值差异比较（华中科技大学） 138
图 5-5	华中科技大学 ESI 微生物学类文章的研究主题分布情况 140
图 6-1	管理学 5 种期刊发文主题情况（Top10） 158
图 6-2	管理学 5 种期刊在四个主题上的论文分布情况 158
图 6-3	管理学 5 种期刊在四个主题上的显示度 159
图 6-4	管理学 5 种期刊主题影响力情况 162
图 6-5	管理学所有期刊在四个主题上的影响力 164

表目录

表 2-1	部分算法构建学科分类研究及使用的方法	027
表 3-1	传统学科分类体系和算法构建学科分类体系特点比较	057
表 3-2	列联表	061
表 3-3	ESI 各类目的基尼系数（基于 CT2）	066
表 3-4	WOS 各类目的基尼系数（基于 CT2）	067
表 3-5	CT2 各研究主题的基尼系数（基于 ESI 分类）	071
表 3-6	CT2 各研究主题的基尼系数（基于 WOS 分类）	072
表 3-7	CT2 中三个研究主题主要集中的 ESI 和 WOS 类目	073
表 4-1	不同检索策略的优缺点	084
表 4-2	期刊各主题（Top10）发文数及占各主题发文比例	094
表 4-3	定量评价数据集指标	095
表 4-4	数据集基本情况	098
表 4-5	未入文献计量学（6.238.166 Bibliometrics）的文章主题特征分析	104
表 4-6	重要文献（综述文献）的检到率	105
表 4-7	重要文献（Top50 高被引）的检到率	106

表 4-8 期刊 Top50 高被引文章中方法 2
　　　　没有检到的文章 …………………………………… 106
表 4-9 文献计量学（6.238.166 Bibliometrics）主题中
　　　　Top50 高被引文章的期刊分布 …………………… 107
表 5-1 算法构建学科分类体系与其他学科分类体系的
　　　　标准化结果比较 …………………………………… 125
表 5-2 使用的分类体系概况 ……………………………… 128
表 6-1 管理学 5 种期刊在 JCR 中的表现 ……………… 154
表 6-2 管理学 5 种期刊在 CT 分类体系下的
　　　　学科分布情况 ……………………………………… 155
表 6-3 管理学 5 种期刊 CT3 的主题数与影响力 ………… 157
附表 1 抽取的 119 篇文章是否属于科学计量学研究的
　　　　人工判断结果 ……………………………………… 192
附表 2 D_J 中 Top50 高被引文章 ………………………… 207
附表 3 D_{CT} 中 Top50 高被引文章 ……………………… 216

第1章 绪 论

1.1 研究背景和意义

1.1.1 研究背景

学科是人类知识体系的基本单元,是将人类的知识按照其内在联系,或者相类似的表现形式加以划分,形成的一个个知识集合。本质上,学科是知识分类的产物,是指一定知识领域或一门科学的分支。而对学科进行划分,并确定其在整个科学体系中的位置,就构成了学科分类体系[1]。学科分类体系是基于一定的原则,对现代科学的庞大体系中各门学科的对象和领域加以揭示(研究内容),确定它们在整个科学体系中的位置,并以严格的逻辑排列形式表述这些关系(关联关系)。其目的是便于认清人类知识体系的基本结构,以及各个知识集合之间的关系和脉络。也就是说,学科分类体系是一个关于知识世界的结构。如果没有学科分类,便无法认清学科之间的关系,科学的存在和发展也就失去了基石。

学科分类体系在科学发展、学科建设、信息组织与检索、人才培养、科研管理、学术评价等方面都发挥着重要作用。学科分类体系为制定符合科学发展规律的科学研究规划，确定科学研究的战略目标与科学发展的重点，合理地建立科研体制与科研机构，正确地设置专业，组织不同专业人员协同作战提供可靠的理论依据[2]。学科分类体系的作用体现在与科学、科学研究、科学教育等相关的众多应用场景（见图1-1）：国际上一些组织与机构为了研发测量和统计，必须对研发单位和研发项目进行分类；图书馆和各种文献信息机构为了信息的组织与揭示，需要对收集和使用的各种文献或信息进行学科分类以方便信息检索；各个国家高等教育学科专业设置和管理、学位授予、人才培养和学科建设需要有学科专业目录的指导；科学基金资助管理部门需要学科分类以供科学家在基金申报过程中选择最能描述其基金申请内容的学科分类，以便后续同行专家评审；学科分类在科学计量分析和评价理论实践中也一直扮演着重要角色，尤其是近年来随着科学评价需求的增长，学科分类在科学评价中的重要作用愈加凸显。学科分类在科学计量分析和评价中的重要作用体现在多个方面：将学术文献归到相应的研究领域、主题或学科，描述学科结构和学科发展；将研究成果分类，考察评价对象（如期刊、学科、国家/地区、机构等）的产出情况；文献计量指标标准化；跨学科研究。总之，一个合理的学科分类体系，可以较客观地反映科学研究的现状，揭示科学发展的规律，对科学发展、学科建设、人才培养和科研的管理、学术评价等工作具有重要意义[3]。

"科学的学科分类跟科学本身一样古老，虽然经过了几个世纪的探索，至今还没有寻找到一个完美的分类方案。解决此问题的明智办法就是从实际出发：对于一个给定实际需求，最优分类方案是什么？"[4] 由此可以看出，一方面，学科分类一直以来都是人们关注的重点；另一方面，学科分类要有明确的目的。为了达到各自的目的，国内外不同主体针对不同的应用场景和特定的需求、目的，通过各学科领域有深厚理论知识和经验知识的专家、学者自上而下研制或编制了多种学科分类体系。本研究将这种基于专家人为构建的自上而下的分类体系称之为传统的学科分类体系。常见的传统学科分类体系有《中国图书馆分类法》这样的文献分类体系、《学科分类与代码》这样的国际/国家标准分类体系、学位教育分类体系、科学基金申请资助分类体系等。

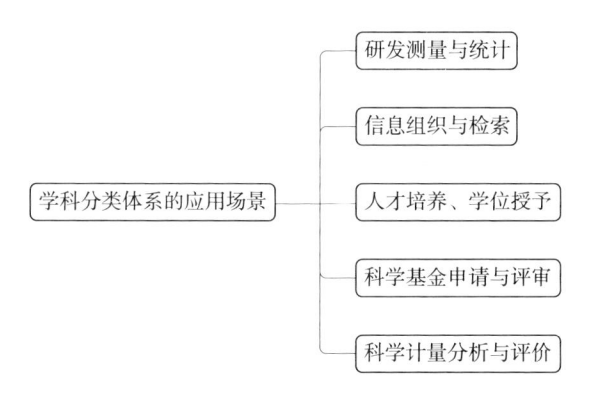

图 1-1　学科分类体系的应用场景

传统学科分类体系很多是由国际组织、国家政府机构等研制发布的。传统学科分类体系的构建主要由各学科领域的专家、学者将知识划分到不同的学科或知识门类，确定各个学科和知识门类的相互联系，以及在人类知识体系中的位置，以满足特定的应用目的，如图书文献管理、基金评审、人才培养与学位授予等。这些学科分类体系一般都体系结构完整、层级清晰、相对稳定。这也意味着这种分类体系更新周期较长，在反映知识内容和知识间的关联结构方面都具有滞后性，不能及时反映最新研究领域和知识之间的交叉与融合，不能及时反映学科结构的动态变化。随着科学的快速发展，科学研究范式的变化，越来越多的科学研究是基于问题而产生，以解决问题为导向的。新兴研究领域已不再完全从属于某个单独的学科体系，而是与多个学科相关联，学科的边界愈加模糊。在这样的态势下，传统学科分类体系过于刚性的设置与新兴研究领域大量涌现的矛盾就会导致现有学科分类体系中有相当一部分内容不得不进行重新组合或划分。实际应用中很多新的研究领域就很难归入现有的学科分类体系[5]，如对于涉及新的学科分支和交叉学科评价对象的学科归属就成为评价实践中的难点。同时，传统学科分类体系在使用过程中存在主观分类、学科粒度不能深入研究主题等问题[6]，分类结果不能客观准确反映学术成果的内在学科属性。

随着科学知识的迅速增长，技术的发展，从基本的知识单元出发，依靠知识之间的相互关系自组织构建学科分类体系成为可能，有学者称之为基于算法的学科分类[7-10]，也可称之为数据驱动的学科分类[11]，其中基于论文层次的学科分类逐渐成为科学计量学界关注的重点，本研究将这种基于算法自下而上自组织生成的论文层次的学科分类体系称之为算法构建论文层次的学科分类体系。这种分类体系的最大优势在于自下而上，依靠知识之间的相互关系，基于文本内容自组织构建，而不是人为给定的标签对科学文本分类，不受人工干预，客观反映科学知识的内在结构。构建分类体系的过程中自动完成了对科学知识的分类，对于新的研究领域可自动生成新的研究主题，而不是人为归入已有的分类框架，其最大的特点是灵活性，可以满足不同的应用目标，对于特定需求特别具有适应性和针对性。

近年来，国际上算法构建论文层次学科分类体系快速发展并逐渐得到应用，尤其是科学计量学界，已有一些学者或研究团队基于算法构建了一些分类体系，并用于科学计量分析和评价。但是，算法构建论文层次学科分类体系作为以科学计量学界研制并应用为主的分类体系，应用中还缺少理论支撑，对其应用中的优势和不足的研究还比较少。例如，与传统学科分类体系相比，算法构建论文层次学科分类体系有什么特点或优势？对于修订完善其他学科分类体系是否有参考？在科学计量学中可以在哪些方面进行具体的应用？在这些应用中有哪些优势与不足？应用中应该注意哪些问题？对这些问题还有待深入研究。因此，本研究基于上述问题重点探索算法构建论文层次学科分类体系在科学计量学中的应用。

1.1.2 研究意义

1. 有助于深入了解算法构建论文层次学科分类体系的特点

通过与传统学科分类体系的形式比较和分类结果的比较，深入了解算法构建论文层次学科分类体系的特点；通过具体应用中的比较了解算法构建论文层次学科分类体系在各种应用中的优势和不足，为后续更广泛的应用奠定研究基础。

2. 加深对学科分类体系、交叉学科研究领域的理解

通过对传统学科分类体系的梳理和比较，加深对两种学科分类体系的理解；通过对大量文献的具体分类，加深对交叉学科研究领域的理解。

3. 有助于基于算法构建科学合理的论文层次学科分类体系

分类体系应用的过程也是不断检验分类体系科学性与合理性的过程，通过应用比较有助于不断调整算法构建更加科学合理的

论文层次学科分类体系。

4. 有助于修订完善传统学科分类体系

论文层次学科分类体系粒度相对更细，能够通过最新数据及时反映学科知识结构的现状和变化，因此可以基于算法观察学科变化，修订或修正部分基于专家的传统学科分类体系。

5. 有助于科学评价中的分类评价

科学评价的前提是分类评价，分类评价的前提是科学的分类。传统学科分类体系的滞后性和学科分类过程的主观性影响评价中的学科分类。算法构建论文层次学科分类体系的及时性和细粒度有助于及时调整评价对象的学科分类，并深入评价对象的主题内容层次。

6. 有助于开展学科结构研究

依靠文献知识之间的相互关系，基于文本内容自组织构建的学科分类体系可以及时反映科学知识之间的交叉与融合以及新兴研究领域和交叉学科研究。因此对算法构建论文层次学科分类体系的深入研究有助于后续研究学科的结构和动态变化。

1.2　概念的界定

1.2.1　学科

国内外对学科概念的具体表述方式不同，但对学科的内涵理解基本一致。《辞海》将其解释为：①学术的分类。指一定科学领域或一门科学的分支。自然科学中的物理学、生物学；社会科学中的史学、教育学等。②"教学科目"的简称，亦即"科目""课程"。按一定逻辑顺序和学生接受能力，组织某一学科领域的知识与技能而构成的课程，如中学物理、化学；高等学校心理学系的普通心理学、儿童心理学等[12]。学科对应的英文是"discipline"，《牛津高阶英汉双语词典》将其定义为：知识领域（an area of knowledge）；（尤指大学的）学科，科目（a subject that people study or are taught, especially in a university）。由上述定义可知，"学科"一词有两个含义：一是指知识按照学术的性质而分成的科学门类，这也是学科的本质属性；二是指教学科目。两个含义之间有密切联系，前者是后者的基础，但后者在很多时候又是前者的一个重要验证。后者是根据前者，又考虑社会需求、产业结构和人才培养等因素划分而来的，在许多情况下，二者难分彼此，可以互换。但二者并不是同一个概念，尤其是二者同时出现时，其含义是不同的[3]。

一般情况下，国内将 discipline 视为"学科"一词对应的英文。但是事实上，英文里除了 discipline 一词，还有其他一些类似的术语，如 domains、field、subdiscipline、subjects、specialty、subfields、areas、research areas 等，不同的学者在研究中使用不同的术语[13]。笔者认为，这些术语都可以表示知识门类，只是不同的术语表示的知识门类的范围、粒度不同，如 domains 一词可以对应学科里的最高等级——门类"自然科学""社会科学"，而 areas 或者 research areas 可能仅代表一个相对小的研究领域。因此，本研究中的"学科"一词涵盖了上述中的不同英文术语，泛指各种不同范围、粒度的知识门类。

1.2.2 分类

《辞海》将分类定义为：划分的特殊形式。以对象的本质属性或显著特征为根据所做的划分。以划分为基础，但和一般划分有所不同。划分一般比较简单，可以简单到采取二分法；而分类一般比较复杂，是多层次的，即由最高的类依次分为较低的类、更低的类。划分大都具有临时性，而分类则具有相对的稳定性，往往在长时期中使用。我国著名文献分类学家俞君立和陈树年认为，类是指具有某种共同属性的个别事物的集合，表明某些个别事物共有的一种概念。分类是指以事物的本质属性或显著特征作为依据，把各种事物集合成类的过程[2]。由此可见，"分类"一词既有作为动词表示分类过程的含义，也有作为名词表示分类结果的含义。同时，《辞海》定义也体现出分类的特点：分类过程可以按层级从高到低进行，分类结果具有相对的稳定性。

同样，英文中的 classification（分类）也有几种含义，《牛津高阶英汉双语词典》将其定义为：①the act or process of putting people or things into a group or class (= of classifying them)（分类；归类；分级）。②a group, class, division, etc. into which sb or sth is put（类别；等级；门类）。③a system of arranging books, tapes, magazines. etc. In a library into groups according to their subject [（图书馆的书、磁带、杂志等的）分类系统，编目]。由此可见，英文中的分类也兼具分类过程和分类结果双重含义，而且包含了图书分类系统。同时，通过上述定义也可看出中文中的"类"对应的英文术语可以有多种，如 group、class、division 等。

1.2.3 学科分类和学科分类体系

学科分类,即科学分类,是知识分类活动中的一个组成部分,也是知识分类的高级认识阶段[2]。《中国大百科全书(第二版)》将"学科分类"定义为:根据一定的原则把人类知识划分为各个学科或知识门类,确定各个学科和知识门类的相互联系,以及在人类知识体系中的位置。主要有学科论分类法、本体论分类法和实用性分类法三大类。常用的图书分类法就属于实用性分类法。"学科分类是根据各门学科的研究对象与它们之间的相互关系,对各门学科进行区分和组织,确定每门学科在科学总联系中的地位,解释整个科学的内部结构,建立起符合科学发展规律的分类体系"[1]。从上述两个定义可看出"学科分类"与"分类"一词类似,具有双重含义:既有作为动词表示对知识进行分类的含义,也有作为名词表示分类结果即形成分类体系的含义,而后者就是常见的"学科分类体系"。其实,全国科学技术名词审定委员会公布的《图书馆·情报与文献学名词》就将"学科分类体系"(subject classification system)定义为:按照学科研究方法和对象之间的联系与区别进行划分,依据外部世界不同运动形式的发展次序确定学科位置的整个体系框架。这与前述的学科分类定义具有一定的一致性。因此,本研究认为"学科分类"与"学科分类体系"的区别主要在于:前者更多的是作为动词即"学科划分"而使用,而后者更多的是作为名词而使用。

学科分类要遵循两条原则,一条是客观原则,另一条是发展原则。客观原则要求按物质运动形式的区别和固有联系,对学科知识进行区分和排列;发展原则要求对学科知识的划分和排列要体现学科知识从低级到高级、从简单到复杂的发展规律[2]。基于这两条原则，学科分类能够确定每一门学科在科学总体中的地位和作用，划清各门学科的研究范围，反映科学的发生、发展过程与发展趋势，揭示出各门学科之间的固有联系与相互渗透、相互影响的关系。这也说明学科分类既要揭示学科内在逻辑结构和框架，各门学科与各分支学科、边缘学科可以组成一个相互联系、相互渗透和相互转化的网状结构，也需要根据不断变化的科学知识，日益充实和完善。

1.2.4 算法构建论文层次学科分类体系

国际上很多学者基于算法而不是人工对科学文献进行学科分类形成分类体系，如算法构建学科体系（algorithmically generated subject categories）、算法分类（algorithmic classifications）、算法构建分类（algorithmically constructed classifications），本研究将这些统称为"算法构建的学科分类（体系）"。基于算法进行学科分类可以基于期刊层次（见图1-2），也可以基于论文层次（见图1-3），由于基于期刊层次仍然存在期刊层次学科分类的不足，因此，近几年科学计量学界更关注论文层次的学科分类，本研究称之为"算法构建论文层次学科分类体系"。

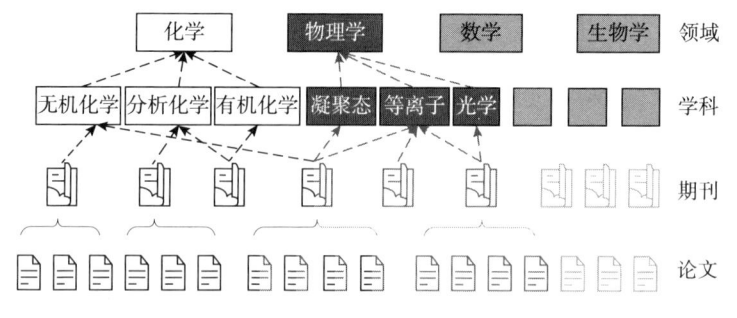

图1-2 算法构建期刊层次学科分类体系

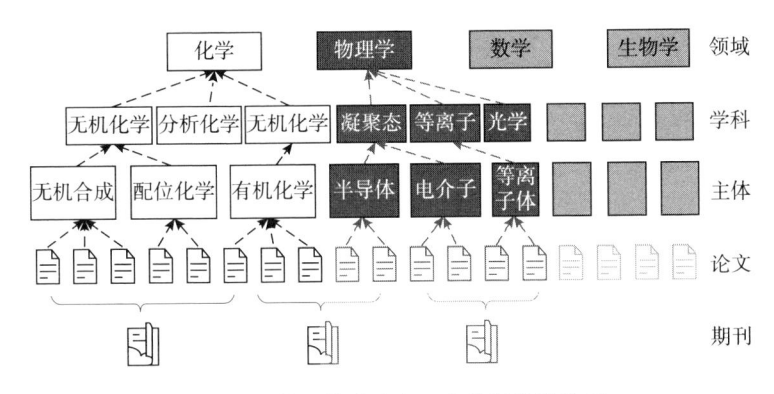

图1-3 算法构建论文层次学科分类体系

算法构建论文层次学科分类体系，国际上不同的学者对其称谓有所不同，主要有以下几种：论文层次科学分类体系（a publication – level classification system of science）[14]、论文层次算法构建分类体系（a paper – based algorithmically constructed classification system, ACCS）[8]、算法构建论文层次研究出版物分类（an algorithmically constructed publication – level classification of research publications, ACPLC）[9,10,15]。虽然称谓不同，但都反映了算法构建论文层次学科分类体系的特点，即都是基于论文层次自下而上根据一定的算法产生的一种学科分类体系。本研究根据已有的研究，将算法构建论文层次学科分类体系定义为：以科学文献知识之间的关联关系将文献自动聚类，或者是通过提取文本有关特征，对提取的特征进行比较，根据一定的规则将具有相同或相近特征的对象自动聚类成一个个主题，主题间再次聚类形成一个个学科领域。该定义包含了两层含义：一是算法构建论文层次学科分类体系可以形成具有一定层级结构的分类体系。在构建过程中通过调整分辨率，能够将小聚类逐步聚合成大类，对各层级类贴上标签，即可形成具有层级结构的学科分类体系。二是算法构建论文层次学科分类体系在构建的过程中可以根据论文元数据而不是人为概念对论文进行分类。该定义也与前述的"学科分类""学科分类体系"的含义具有一致性，既包含了学科分类（学科划分）的过程，也包含了学科分类（学科划分）的结果即学科分类体系。

通过上述定义，可以看出算法构建论文层次学科分类体系在构建过程中与传统学科分类体系不同。前者通过科学文献知识自下而上自组织构建，后者一般基于专家知识自上而下形成树状体系结构。在学科分类过程中，也与传统学科分类有明显不同。前者不拘泥于已有的学科分类体系，是在不存在分类体系的情况下完成对论文的学科划分，属于自动分类中的自动聚类，而后者需要根据已有的学科分类体系，依据论文的内容特征通过人工判断将论文划分到已有的学科类中（人工分类，如作者对论文标注中图分类号），或者利用机器学习技术和模型将论文自动归入已有的学科类（自动归类）[16]。

由于算法构建学科分类过程中会使用到聚类（clustering），而不同学科领域聚类可能有不同的术语，如"分区"（partitioning）、"主题检测"（topic detection）、"社团检测"（community detection）[17]，不同的研究在表示通过聚类得到的一组出版物集合时使用的名词术语也可能不同，如"类别"（class）、"集群"（cluster）、"社团"（community）、"主题"（topic），本研究将这些术语统称为"类"。

1.3 研究内容和方法

1.3.1 研究对象

本研究的研究对象是算法构建论文层次学科分类体系及其应用。本研究将深入研究算法构建论文层次学科分类体系的特点，探讨其在科学计量学中的应用。

1.3.2 研究思路

本研究遵循"研究背景和理论基础—通过比较视角研究算法构建论文层次学科分类体系的特点—科学计量学中的应用比较—理论总结"的逻辑，具体研究思路如下。

1. 研究背景和理论基础

整理学科、分类、学科分类、学科分类体系、算法构建论文层次学科分类体系等相关概念定义。综述算法构建论文层次学科分类体系研究进展。

2. 算法构建论文层次学科分类体系的特点

从理论和数据实证分析两个视角将算法构建论文层次学科分类体系与传统学科分类体系进行比较，分析算法构建论文层次学科分类体系的特点、优势和不足。

3. 科学计量学中的应用比较研究

理论上，可以将算法构建学科分类体系用于任何的学科分类场景，但本研究重点探讨其在科学计量学中的应用。具体应用领域的选择基于科学计量分析的流程和科学计量学的分支学科领域。科学计量学主要有三个分支学科领域：结构科学计量学、动态科学计量学和评价科学计量学。结构科学计量学的目的是绘制科学学科结构的图谱，应用的技术包括图论、网络分析、聚类分析等。动态科学计量学以科学计量学客体（作者、出版物、引文等）的科学信息的时空行为为研究对象。评价科学计量学的目的是评价科学研究参与主体的绩效，其主要作用是作为科学政策与科研管理的评价工具[18]。因此，本研究选择其中两个分支领域，结构科学计量学和评价科学计量学作为具体应用领域，其中前者以描述科学结构、绘制科学知识图谱为主，后者在评价过程中学科标准化是重要的一个环节。同时，根据科学计量分析和评价的流程，不管是描述科学结构还是进行科学评价，前提是构建数据集。因此，本研究的应用比较研究聚焦以下三个方面：构建领域数据集、描述学科结构和学科标准化。通过应用比较总结出算法构建学科分类体系在科学计量学中应用的优势，以及可能存在的不足。

4. 理论总结

通过前面的研究总结算法构建论文层次学科分类体系的特点，在科学计量学应用中的优势，以及可能存在的问题，为后续调整算法构建更加科学合理的学科分类体系以及实践中选择学科分类体系提供参考。

1.3.3 框架结构

本研究基于前述研究思路,主要的研究内容框架结构如图1-4所示。

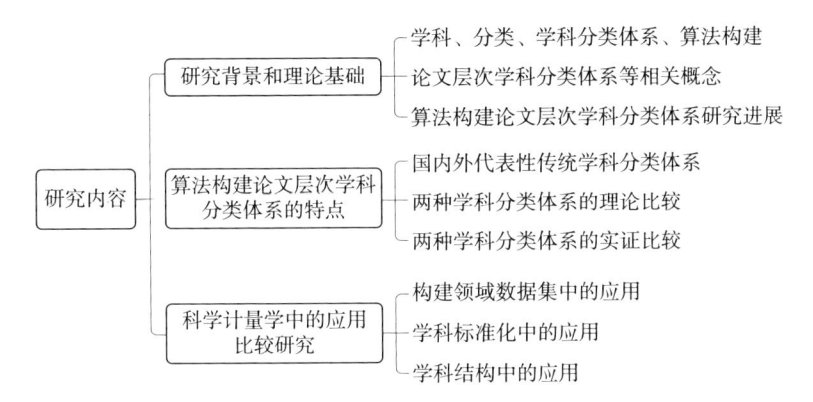

图1-4 研究内容框架结构

研究内容:
- 研究背景和理论基础
  - 学科、分类、学科分类体系、算法构建
  - 论文层次学科分类体系等相关概念
  - 算法构建论文层次学科分类体系研究进展
- 算法构建论文层次学科分类体系的特点
  - 国内外代表性传统学科分类体系
  - 两种学科分类体系的理论比较
  - 两种学科分类体系的实证比较
- 科学计量学中的应用比较研究
  - 构建领域数据集中的应用
  - 学科标准化中的应用
  - 学科结构中的应用

1.3.4 研究方法

本研究的研究方法主要包括以下几种。

文献调研法——调研国内外已有的传统学科分类体系、算法构建论文层次学科分类体系相关研究成果和已有具体案例。

比较法——将算法构建论文层次学科分类体系与传统学科分类体系进行理论和数据实证分析的比较。

案例分析方法——在科学计量学的具体应用中,通过选取具体案例来分析算法构建论文层次学科分类体系的特点、优势和不足。

1.4　研究内容的组织结构

第 1 章：绪论。主要介绍研究背景和意义，研究内容和方法，研究的组织框架，并对研究中涉及的相关概念进行界定。

第 2 章：算法构建论文层次学科分类体系研究进展。将算法构建论文层次学科分类体系作为研究对象，需要对其发展有全面的了解，因此，本章从发展历程、构建方法、特点研究、应用研究、具体案例、发展方向等对算法构建论文层次学科分类体系进行全方面的综述，重点指出其在构建领域数据集、描述学科结构、学科标准化等应用研究中存在的一些问题和不足。

第 3 章：算法构建论文层次学科分类体系的特点。从理论和数据实证分析两个视角将其与传统学科分类体系进行比较。理论上，在梳理国内外代表性的传统学科分类体系的基础上，从学科分类体系的编制/构建方法、层级结构、更新周期等方面对两种学科分类体系的差异和特点进行比较。随后通过实验数据将算法构建论文层次学科分类体系与传统学科分类体系进行比较。通过使用同一批文献，比较不同学科分类体系下的分类结果，从分类结果的相似性、具体类目的相似性高低、不同学科分类体系下类目之间的关系来考察基于不同学科分类体系学科划分的一致性或差异性，探讨算法构建论文层次学科分类体系的类目特点，以及与传统学科分类体系类目的关联关系。进而发现算法构建的论文层次学科分类体系中哪些类目是新兴或者跨传统学科的研究主题，传统学科分类体系中哪些类目需要进一步调整或细化。

第 4 章：构建领域数据集中的应用。描述、分析或评价学科领域是科学计量学的重要研究内容，而前提就是搜索学科领域相关数据，构建领域数据集。随着算法构建论文层次学科分类体系的发展，该体系也逐渐被应用于搜索领域文献，构建领域数据集。本章以科学计量学研究为例，对基于算法构建论文层次学科分类体系构建的数据集与其他方法构建的数据集的结果进行比较和质量评价，重点考察算法构建论文层次学科分类体系在构建领域数据集中的优势和不足。

第 5 章：学科标准化中的应用。研究在确定了学科标准化指标后，算法构建论文层次学科分类体系与其他学科分类体系下的学科标准化值和排名是否一致或相关，对评价结果有什么样的影响，评价结果产生差异的原因是什么，在反映社会热点主题相关的学科标准化方面是否有优势。

第 6 章：期刊学科结构与影响力评价中的应用。描述期刊学科结构、评价期刊影响力有助于了解期刊发展现状，引导期刊发展。本章以国际管理学领域的 5 种期刊为例，通过采用算法构建的论文层次学科分类体系探测期刊学科结构，评价期刊学术影响力，探讨算法构建论文层次学科分类体系在实现对期刊更丰富的学科画像，以及在更细的主题层面的分析和评价方面的优势。

第 7 章：总结与讨论。对所做工作进行归纳总结，阐述本研究的主要贡献与创新之处，提出研究中的不足和有待进一步研究的问题。

第 2 章 算法构建论文层次学科分类体系研究进展

算法构建论文层次学科分类体系的研究进展如何？经历了哪些发展阶段？主要使用什么技术方法？目前在科学计量学中的具体应用情况怎样？本章基于上述问题对算法构建论文层次学科分类体系的基本情况和相关研究进行整体梳理。本章主要概述了算法构建论文层次学科分类体系的三个发展阶段，随后根据构建流程从构建数据关系、聚类方法和描述学科领域几个步骤整理了构建方法相关研究，接着梳理了与其他学科分类体系比较研究，以及在构建领域数据集、描述学科结构和学科标准化等方面的应用，并对具体案例——科睿唯安的引文主题分类体系进行了介绍，最后指出发展趋势，重点阐述目前各项应用研究中存在的问题和不足。

2.1 发展历程

2.1.1 共被引聚类探索学科结构阶段

科学引文索引（Science Citation Index，SCI）的产生为算法构建论文层次学科分类体系提供了数据基础。算法构建论文层次学科分类最早可追溯至 20 世纪 70 年代加菲尔德（Garfield）、斯莫尔（Small）等人所做的研究。这些研究源自一个美国科学基金（National Science Foundation，NSF）项目"科学专业图谱"，该项目的目的是测试科学文献能够用于识别科学专业，引文数据能够用于分类的假设[19]。斯莫尔担任 ISI 首席科学家多年，他在 1973 年提出"共被引"的概念，并将其作为研究科学结构的一种方法[20]。1974 年斯莫尔、格里菲斯（Griffith）等在《科学文献的结构》（The structure of scien tific liter a ture）一文用高被引文献的共被引聚类来识别和绘制专业[21,22]。斯莫尔在该文中指出："期刊太过宽泛无法揭示专业的精细结构，因此采用经常引用的文献（论文或图书）作为基本的分析单元"。由此可见，在早期，科学计量学家就认识到基于论文层次可以实现细粒度的学科划分。斯莫尔还通过调整共被引阈值得到不同层级的集群，比如通过提高共被引阈值得到子集群，并指出："专业在某些情况下可能有层级结构"。这与现在通过调整分辨率得到不同粒度学科分类的思想是一致的。斯莫尔将高被引文献得到的共被引聚类对应于科学专业（scientific specialties）。随后斯莫尔又进一步将聚好的类利用"集群共被引"（cluster co‐citation）方法进一步聚合形成各集群之间的关系连接，并且以多维尺度方法展示各集群之间的关系。

斯莫尔等人的共被引聚类直接目的是探索学科结构，但同时也为自动分类提供了基础，因为自动分类系统需要满足聚类或把相似的东西聚在一起的要求，或者根据对象属性将彼此相似的对象分组的过程。加菲尔德等在 1975 年基于文献共被引构建了一个自动分类系统，该系统主要用于新收录文章的分类，新收录文章的类目主要由引用集群的类并加入人工判断来决定。学科专业和它们之间的联系每年都会随时间变化，因此，有效的分类方案应该能够迅速变化，每年更新分类方案，以应对一些新专业的发展和增长[19]。

上述共被引聚类中也有很多不足，如共被引强度使用全计数方法，聚类使用单链聚类等。后来斯莫尔等不断改进共被引方法，如利用分数引文计数（fractional citation counting）、变量层次聚类（variable level clustering）和集群聚类（clustering of clusters）等[23,24]。

因此，虽然早期这些研究的直接目的是探索科学知识结构，并没有给出我们常见的所有学科的完整的学科分类体系，但是该研究中使用的方法和自下而上（bottom-up）思想却体现在当今算法构建论文层次学科分类体系的整个过程：基于论文层次、自组织构建、自动为论文划分学科、及时更新以反映新的知识等。

2.1.2 算法构建期刊层次分类体系为主的阶段

随着引文数据库 Web of Science 和期刊引证报告（Journal Citation Reports，JCR）的广泛使用，基于 Web of Science 期刊层次的学科分类体系（以下简称"WOS 分类结果"）被广泛使用，但是这种期刊层次分类在实际使用中存在很多问题[25]。科学计量学界出于科学计量学分析和评价的目的，基于算法或者算法与专家相结合的方法，研制了很多期刊分类体系：格兰采尔（Glanzel）等人通过"设置类别""期刊分类"和"论文分类"三个步骤多次迭代循环构建了两个层级的分类体系，并用于科学评价工作[4]；加拿大 Science-Metrix 公司以 WOS 分类、美国 NSF 分类和澳大利亚研究卓越评价（Evaluation of Research Excellence，ERA）分类为基础，同时考虑经济合作与发展组织（Organization for Economic Co-operation and Development，OECD）的研究领域分类和欧洲研究理事会（The European Research Council，ERC）分类，通过算法和专家判断相结合的方式，构建了一个三层的分类树[25]；美国学者博纳（Borner）等人以 Web of Science 和 Scopus 数据为基础，通过期刊之间的相似性，绘制了 UCSD 科学地图和分类系统[26]；卡尔文斯（Klavans）等基于 Web of Science 和 Scopus 数据和期刊之间的关联关系构建了 STS 分类体系[27]。也有一些研究测试了构建此类分类体系的技术[7,28,29]。还有其他一些机构或个人基于各种算法构建的期刊分类体系[30-33]或者基于期刊的学科分类探索学科结构[34-36]。

这个阶段很多基于算法构建的分类体系主要为了弥补数据库期刊层次分类体系的不足，用于 Web of Science 或 Scopus 收录期刊的分类，依然存在基于期刊对论文学科划分不准确的问题。但是，由于构建过程中使用的很多技术方法同样适用于构建论文层次的学科分类体系，为不断发展算法构建论文层次学科分类体系提供了基础。

2.1.3 论文层次分类体系快速发展的阶段

随着计算机计算能力、电子数据、算法的发展，算法构建论文层次学科分类体系再次受到科学计量学家的关注，并且发展迅速。这些分类体系的构建初衷源于评价或者其他需求。2010 年，卡尔文斯等在测量研究领导力的研究中，基于论文层次通过共被引聚类将 Scopus 数据库 2003—2007 年的 568 万篇论文划分到了 84 000 个学科中，并将测量结果与其他两种期刊层次分类体系进行了比较，结果显示基于这种论文层次的学科分类能够更准确地刻画国家层面的实际研究领导力[27]。2011 年，博亚克（Boyack）等对 Medline 数据库（2004—2008 年）的 215 万篇出版物进行了聚类，基于标题和摘要中提取的关键词的文本相似性方法，生成了连贯和集中的集群解决方案，并且发现这种方法比 MeSH 更准确[37]。沃尔特曼等认为论文层次而不是期刊层次分类也许能解决标准化过程中的一些问题，但是已有的论文层次学科分类体系都是针对某个学科（如 MeSH、PACS 和 JEL 分别对应医学、物理学和经济学），于是萌发了基于算法构建全学科论文层次分类体系的想法[38]。2012 年，荷兰莱顿大学科学技术研究中心（Center for Science and Technology Studies，CWTS）沃尔特曼等人利用直接引用关系通过调整分辨率对 Web of Science 数据库中 2001—2010 年的 1 000 万篇论文进行了学科划分，得到了 20 个一级类目、672 个二级类目、22 412 个三级类目的分类体系[14]，即 CWTS 分类，该分类已经用于莱顿大学排名。

算法构建论文层次学科分类体系快速发展的同时，科学计量学界有部分研究基于各种原因仍然构建了期刊层次的学科分类[39,40]。雷德斯多夫（Leydesdorff）等先后两次基于 JCR 的期刊引用关系构建了具有层级结构的期刊分类体系[41,42]，有学者也基于算法对 SCImago 期刊排名中的期刊进行了分类[43]，但算法构建论文层次学科分类体系依然是发展的重点。

算法构建论文层次学科分类体系在科学计量分析和评价中的优势促使传统的数据库商也开始考虑在其产品中加入这种分类方案。Elsevier 基于博亚克等的研究，对 Scopus 中 1996—2016 年所有科学领域超过 5 500 万的论文和参考文献进行聚类，识别出近 9.6 万个研究主题，并于 2017 年在 SciVal 分析平台推出[44]。科睿唯安也与 CWTS 合作，利用 CWTS 开发的算法，基于论文之间的直接引用关系自下而上构建了分类体系引文主题（Citation Topics，CT），并于 2020 年 12 月初在 Incites 平台推出。CT 包含

10个宏观主题、326个中观主题以及2444个微观主题，并且内置月度和年度更新，随时间推移而不断演进[11]。自此，算法构建论文层次的学科分类体系开始面向广大用户大范围使用。算法构建论文层次学科分类体系发展过程中的关键节点见图2-1。

图2-1　发展历程中的关键节点

2.1.4　小结

通过前面发展历程的梳理，我们可以发现，算法构建论文层次学科分类体系在两个维度上不断发展：论文数量方面，由早期的几千条逐步发展到几百万甚至上千万条，使用的数据量大幅提高；粒度方面，经历了由早期的论文层次学科划分到中期基于期刊层次，随后又回归论文层次的过程。从结果来看，算法构建论文层次学科分类体系主要有两种形式：一种是将单篇论文划分到不同的学科，没有形成具有明显层级结构的分类体系，博亚克（Boyack）等人的一些研究属于此种形式；另外一种是不但对单篇论文进行了学科划分，而且通过调整分辨率形成具有一定层级结构的分类体系，CWTS分类和CT都属于这种形式。本研究后续研究中涵盖这两种形式。

2.2 构建方法研究

2.2.1 构建流程

算法构建论文层次学科分类体系在构建过程主要有以下几个步骤:选择数据源,构建数据关系,聚类形成微观主题,调整分辨率形成不同层级分类体系,描述学科领域。构建流程和示意图分别见图2-2和图2-3。根据前面所述,不同形式可能会稍有差别:如果构建具有层级结构的分类体系,就需要调整分辨率形成多层次分类体系;如果仅需主题层级,则可直接到描述学科领域步骤。

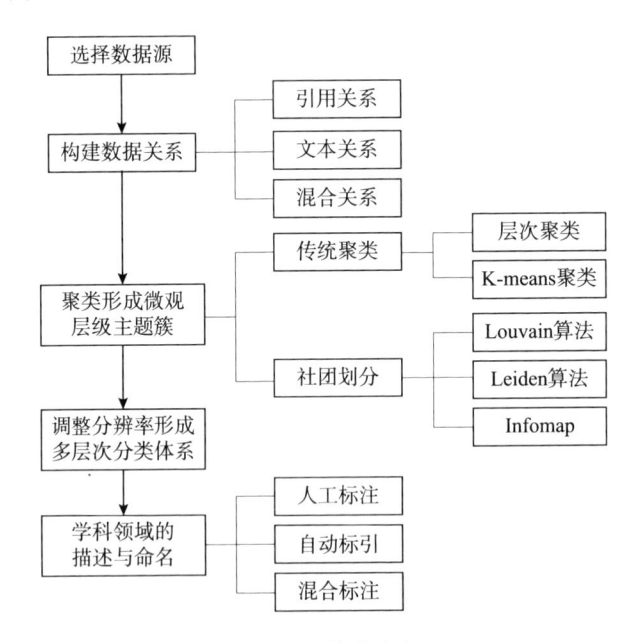

图2-2 构建流程

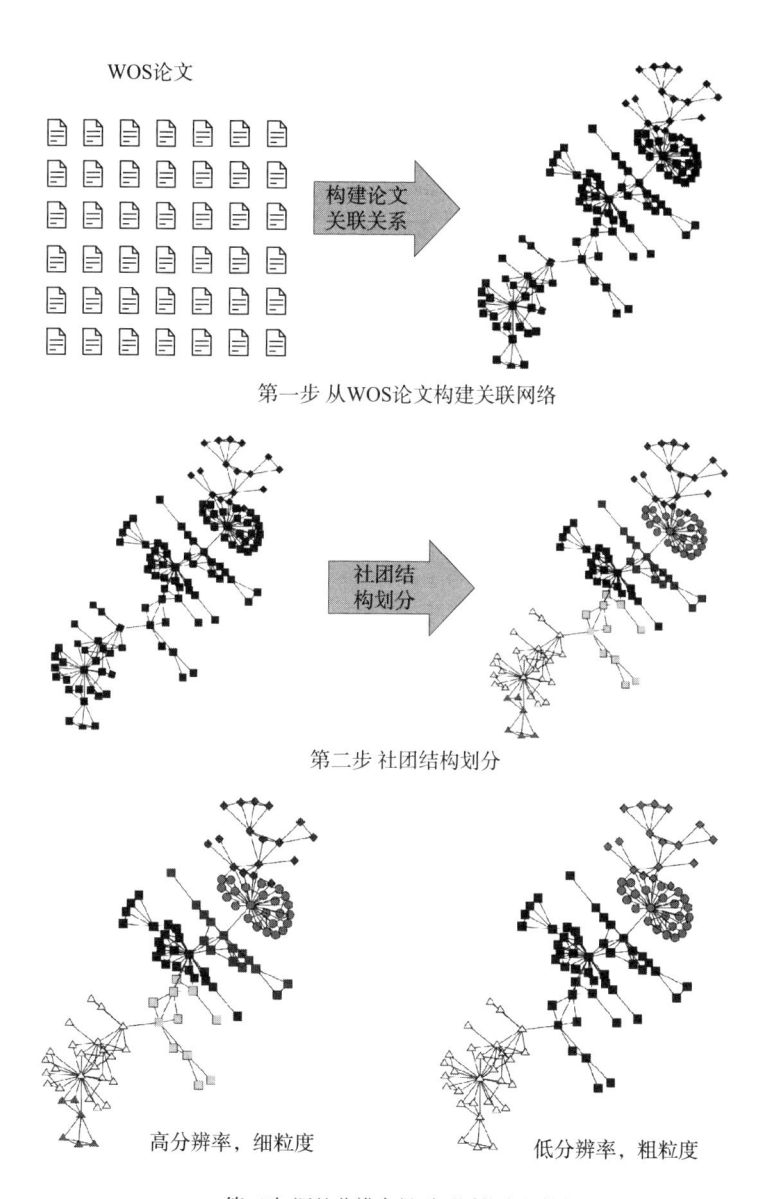

第 2 章 算法构建论文层次学科分类体系研究进展

WOS论文

构建论文
关联关系

第一步 从WOS论文构建关联网络

社团结
构划分

第二步 社团结构划分

高分辨率，细粒度　　　　　　　　低分辨率，粗粒度

第三步 调整分辨率得到不同粒度的结构

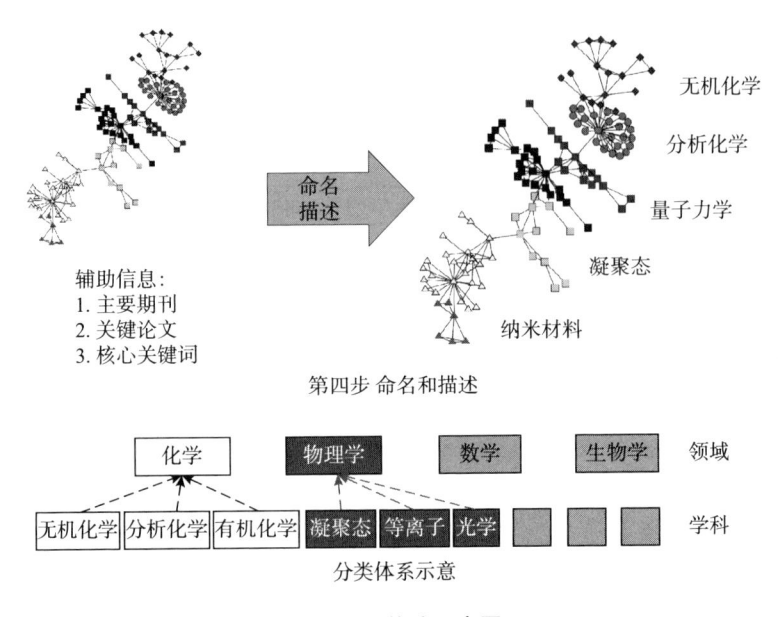

图 2-3 构建示意图

2.2.2 构建数据关系

科学计量学中基于论文层次关联关系构建网络常用的有共被引、文献耦合、直接引用、文本相似性和混合方法。算法构建学科分类体系基本也是以这些方法为主，部分研究及使用的方法见表 2-1。斯莫尔等人早期的研究都是基于共被引方法[21,23,45]，这主要是受当时计算能力和算法的制约。但是共被引方法需要设置阈值选取高被引文献，因此，不太适合检测新的、新兴的主题。除了共被引，还可以使用文献耦合方法。卡尔文斯和博亚克就曾以文献耦合或者文献耦合与共被引相结合的方式构建大规模全学科图谱[46,47]。

表 2-1 部分算法构建学科分类研究及使用的方法

论文	数据关系	聚类方法
Small & Griffith（1974）	CC	Single-link
Small，Sweeney & Greenlee（1985）	CC	Single-link
Small（1999）	CC	Single-link
Klavans & Boyack（2006）	BC，CC	VxOrd
Boyack（2009）	BC	VxOrd
Klavans & Boyack（2010）	CC	DrL/OpenOrd
Waltman & van Eck（2012）	DC	SLM
Wolfgang Glanzel & Bart Thijs（2017）	BC，BC-ST，BC-NLP	Louvain
Klavans & Boyack（2017）	DC，CC，BC	SLM
Boyacks & Klavans（2018）	RA	SLM
Peter Sjögårdea & Per Ahlgren	DC	SLM
Klavans & Boyack（2020）	DC，EDC，RA，EDC+RA，DC+RA	Leiden algorithm

注：CC：共被引（Co-citation）；BC：文献耦合（Bibliographic Coupling）；DC：直接引用（Direct Citation）；EDC：扩展直接引用（Extended Direct Citation）；ST：单个主题词检索（Single Term）；NLP：自然语言处理（Natural Language Processing）；RA：相关文献（Related Articles）。

文献耦合和共被引不是直接引用关系。文献之间的耦合关系和共被引关系远高于直接引用，会导致计算问题[48]。直接引用的优势是可以对数百万级别的论文进行高效聚类，但是直接引用关系也有缺点：在分析时间段内，部分论文可能与其他论文没有直接的引用关系，也就不能通过引用分配到相应的集群。因此，直接引用需要较大的引用窗口，通常至少 10 年。为了提高引用密度，还可以扩展直接引用[49]。

文本相似性以更直接的方式反映文本主题相似性，但是方法更复杂，计算需求更高。这种方法发展缓慢，主要是因为历史上大多数书目数据库（以电子方式提供）都没有提供足够大的文本语料库，如摘要或全文，从而无法对文本相似性进行可靠的分析；技术上也无法处理底层庞大数据集的挑战。因此，早期文本方法主要使用关键词共现。后来，文本挖掘方法、计算机和信息技术的发展，以及大规模文献全文数据的可获取使得可以对摘要甚至全文进行数据处理[50]。博亚克和卡尔文斯使用文本方法对 Pubmed 的数据 2300 万论文进行了主题聚类[51]。但是使用文本相似性还有一些问题：有些词在不同的领域有不同的含义，有些词是一般的词，能用于不同的领域[48]。

引用方法和文本方法各有优劣。引用关系能够揭示论文之间的链接结构和关系，但忽略了论文的文本特征。文本方法只考虑了论文的文本特征而忽略了论文间的链接关系。因此可以将引用关系和文本关系相结合构建文献网络[50,52-55]。特别是对于人文社会科学，由于存在数据库覆盖期刊有限、期刊引用了很多数据库之外的文献（如图书或其他文献）等问题[56,57]，如果只是使用引文聚类的话可能只能得到部分分类结果，不能覆盖全部人文社会科学[58]。因此有必要借助文献文本数据，综合文献引用特征构建人文社会科学学科分类体系。

上述构建数据关系的方法相对比较传统，近年来深度学习技术的发展，文档表征技术为构建论文间关系提供了新的思路。文档表征模型使用神经网络结构将文档信息转换为低维、高密度的向量，通过计算向量间的相似度的方式，可以获取任意两个文档间的关系，该方式一方面能获取无引用关系文档间的信息，另一方面能够提高关系计算的效率。基于文本信息是目前使用的主要方法之一，基于文本信息的文档表征方法从文档的词、句子或段落中学习文档的表示向量,从早期的 Word2Vec、Doc2Vec 和 Node2vec 到后来的 Top2Vec,都为构建数据关系提供新的可能,如用 Doc2Vec 计算段落间的相似性[59],对 Word2Vec、Doc2Vec 等不同文档表征技术的聚类结果进行比较[60]。这些技术已广泛应用于构建文档关系,但实际用于构建学科分类体系的研究还较少。沈哲思等利用 Node2Vec 计算期刊间的相似性用于期刊层次学科分类[61],在此基础上可以探索将其用于论文层次的学科分类。埃肯斯(Eykens)等利用 Top2Vec 对人文社会科学文献进行聚类形成 246 个主题类[62],但并没有形成层次结构的分类体系。

究竟哪种数据关系得到的聚类最准确,一直有两种观点。一种观点是准确性没有绝对性概念[63],基于不同数据关系度量方法反映了出版物相互关联的不同方面,相应的聚类方案都为科学文献组织提供了合理的解释;另一种观点是出于某种目的,假设存在准确性概念有用甚至必要[17]。两种观点都有道理,但是从实用的角度看后者更重要。因此,有很多学者基于不同规模量的数据进行了比较研究。阿尔格伦(Ahlgren)等人以期刊 *Information Retrieval* 上的 43 篇文章测试对象,以文章的主题分类为金标准,对基于文献耦合、文本、混合三种方式的 5 种方法得到的分类与测试对象的主题分类进行比较,结果显示对文章进行自动分组也能得到近似的分类,其中一种纯文本和混合方法得到的聚类结果与测试对象的主题分类结果一致性更高[64]。博亚克和卡尔文斯 2010 年对基于共被引、文献耦合、直接引用和文献耦合 – 文本混合四种数据关系得到的聚类进行了准确性比较,发现准确性依次是混合关系 > 文献耦合 > 共被引 > 直接引用[65]。但是几年后,两位学者通过使用新的标准和方法,对三种基于引用关系构建的论文层次的学科分类进行了比较,研究结果显示基于直接引用关系能够得到主题层次相对更准确的知识分类[17]。2020年，两位学者又基于大规模数据，对直接引用、扩展直接引用、文本相似性和7种引用文本混合方法的聚类结果利用三种准确性测度方法进行比较，结果显示，混合聚类要优于文本或引用[54]。阿尔格伦（Ahlgren）等人比较了几种基于间接引用、文本关系和混合关系得到的聚类准确性后发现EDC表现最好[49]。相对于传统的文档表征技术TF–IDF和LSA（Latent Semantic Indexing），Word2Vec和Doc2Vec对于人文社会科学出版物聚类的质量上更有优势[60]。

上述准确性研究可发现，不同研究基于不同标准得到的结论并不完全一致，甚至可能相悖。这是因为还没有一个完美的分类标准来评价不同相似性测量方法得到的聚类方案的准确性。因此，沃尔特曼等提出了一个评估准确性的原则方法[66]。

2.2.3 聚类方法

不管使用哪种数据对象，计算出数据对象的相似关系后，就需要对数据对象进行聚类（也可称之为图分割或者社团发现）。早期构建过程中使用的数据量较少，聚类对象数量有限，因此可以使用传统的聚类方法，比如单链聚类，但是单链聚类会过度聚合。而且当处理大量数据对象时，尤其是在论文层面，需要对数百万篇的论文进行聚类，就需要更新聚类方法。因此，沃尔特曼在构建论文层次分类体系聚类时使用了社团划分中的模块度优化方法（modularity optimization），并不断改进算法[14,48,67]。除了模块度优化这样的聚类方法，是否还可以借鉴其他聚类方法，有学者基于直接引用关系对这些算法进行了比较研究后发现，映射方程（Map equation）中的Infomap算法表现最好，文献计量学界可以探索使用除了模块度优化外的其他聚类方法[68]。

通过前述聚类方法可以形成微观层次的主题簇，根据使用目的设置不同的分辨率可以得到不同粒度的分类。例如，当分辨率比较高时，得到更细的研究主题层级分类；降低分辨率，得到更粗的如学科层级的分类。有学者开始探讨有理论依据并且切实可行的能够对应到常见分类体系中的主题（topics）和专业（specialties）层面的分类体系的粒度[9,10]。但是具体到实际应用中，比如考察某学科内期刊的发文主题，分类体系的粒度具体到哪种程度比较好，还有待进一步研究。

2.2.4 描述学科领域

为了便于广泛使用基于算法的这种学科分类体系，必须对得到的集群类目贴上标签，描述学科领域。贴上聚类标签后用户就能了解类目的大致内容。贴有标签类目的层次分类能够使用户浏览大规模文档[69]。沃尔特曼在构建三层的学科分类体系过程中，将最高层次的类目对应到学科门类，如自然科学、社会科学等，而在最低层次的类目对应到小的研究领域。但是对于 22 412 个聚类结果，手动给每个聚类打上准确的标签几乎是不可能的。沃尔特曼通过从研究领域中的论文标题和摘要中识别术语，计算术语与研究领域的相关性得分，选择最相关的术语给每个研究领域贴标签。同时考虑到一个词语不足以清楚描述研究领域，因此选择一组关键词来描述研究领域[14]。CT 在构建过程中，宏观和中观层级聚类的标签是在领域专家的专业指导下创建而成的，并依据了聚类概要信息，如高频作者关键词和 WOS 分类等。微观聚类的标签，则根据聚类中文献的最重要的作者关键词自动为其分配[11]。有研究以 MeSH 和 Science-Metrix 的期刊分类为基线，比较了不同的标签标注方法。结果显示，在高（细）粒度级别（如主题）推荐使用从标题和关键词抽取术语，在低粒度级别（如学科）推荐从期刊名称和作者地址中抽取术语，而文章摘要会增加噪声，因此不推荐从摘要抽取术语[69]。

描述学科领域仍然是算法构建论文层次学科分类体系过程中一个没有完全解决的问题。由于基于算法产生，因此对类目不易命名[70]，给类目贴标签一直存在困难。

2.3　特点研究

与其他学科分类体系相比，算法构建的论文层次学科分类体系有什么特点，其学科分类结果有何差异，在揭示学科结构方面是否有优势，这些都需要实证比较后才能发现。在客观揭示学科特点方面，与传统学科分类体系相比，算法构建论文层次学科分类的类目大小更能客观揭示学科本身的特点。有研究基于算法构建了 12 个不同粒度的论文层次分类，与 WOS 分类比较后发现，两者的显著差异是前者有大量低平均引用的小类（少于 100 篇论文），这也说明科学本身可能就不同程度地存在一些小集群，或者称之为小科学[71]。在准确揭示科学知识结构或区分科学领域方面，不同的学者得出的结论并不一致。卡尔文斯和博亚克将基于引用关系得到的论文层次分类与 8 种期刊层次的学科分类（既有专家构建的期刊分类，也有算法构建的学科分类）进行了比较，结果显示论文层次学科分类比期刊层次学科分类更能准确揭示科学和技术知识的结构[17]。但是豪斯奇尔（Haunschild）等以"完全水分解"研究主题为例，通过将 CWTS 分类与传统基于专家的论文层次分类、WOS 分类比较，发现 CWTS 这种算法构建的学科分类体系无法正确区分科学领域[8]。科睿唯安推出 CT 后，以 ESI 中的"地球科学"为例，比较了 ESI 类目在 CT 中的分布[11]。

通过上述分析可知，通过将算法构建的论文层次学科分类体系与其他学科分类体系进行全面实证比较进而揭示其特点的研究还比较少。有些研究仅从类目规模大小进行了比较，卡尔文斯和博亚克比较的是分类准确性，豪斯奇尔和科睿唯安的比较仅限于某个学科或研究主题。因此有必要基于大规模数据从全学科的角度来比较不同分类体系的类目设置与类目间的关联关系，充分揭示算法构建论文层次学科分类体系的特点。

2.4 应用研究

2.4.1 构建领域数据集

在科学政策和科研管理环境下，文献计量学经常被用来定量评估研究领域。与此同时，科学研究变得更加复杂和跨学科，有时涉及不同学科的科学家需就特定的研究主题展开知识交流。日益庞大的科学数据使得信息检索的准确性降低。如何划定一个研究领域，如何检索相关数据，包含或者不包含哪些出版物，从检索到的一组出版物中能够得到什么样的见解，这些都是很重要的问题。传统上构建领域集主要依赖科学文献数据库及其检索途径，主要有几种方法：基于词语的构建方法、基于期刊的方法、基于机构（作者）的方法、基于引文的方法或者几种方法的混合[72]。传统方法各有优缺点，例如，基于词语的方法容易实现，但是容易受到专家主观性影响，而且是以静态的词汇来反映动态学科领域。因此，有研究基于核心词、扩展词、专业期刊和引文4种方法，提出一种新的领域构建框架以充分发挥各种方法的优势[73]。

算法构建论文层次的学科分类体系的发展，为构建特定复杂研究领域集提供了新的方法，尤其是一些新兴学科或交叉学科。米拉内兹（Milanez）就以纳米纤维素为例，提出了一种以算法构建论文层次学科分类为基础，检索相关研究领域的程序方法[74]。也有研究将这种领域构建方法与其他主题分类、期刊层次分类等领域构建方法进行比较，结果证实，即使有专家验证结果，在定量和定性水平上，领域构建或描述都是非常复杂的问题[75]。算法构建论文层次学科分类体系不仅可以用于构建新兴学科或交叉学科领域数据集，也可以用于交叉学科期刊领域数据集的构建。闫群娇等以交叉型刊物 *Journal of Data and Information Science*（JDIS）（《数据与情报科学学报》）为例，通过选取若干对标期刊刊登的论文作为数据集构建的种子论文，找到种子论文在 CWTS 分类体系中对应的中观/微观主题，进一步在文献数据库中检索得到扩大的论文集，从而构建了 JDIS 发文主题的论文数据集，进而遴选期刊青年编委[76]。此种方法的优势是通过这种论文层次的学科分类体系构建原始数据集，能帮助学科交叉性期刊精准且最大限度地囊括目标编委群体。

准确描述领域、构建领域数据集在科学计量研究中起着重要作用，算法构建论文层次学科分类体系为构建领域数据集提供了新的方法和思路，但是目前这方面的比较研究相对还比较少，对这种方法的优势和不足还有待进一步深入研究。

2.4.2　描述学科结构

绘制科学图谱，描述学科结构是算法构建论文层次学科分类的初衷。算法构建论文层次学科分类体系能够揭示科学知识之间的内在逻辑关系，学科知识结构的演化和学科之间的交叉（跨学科）。在揭示学科知识内在逻辑关系方面，从早期的斯莫尔等人使用小规模数据绘制特定学科知识图谱，到后面博亚克等利用大规模数据绘制全学科图谱，这些都是科学计量学界试图通过科学文献之间自然形成的相互关系揭示科学知识之间的内在联系。在揭示学科结构变化方面，由于基于论文层次从科学知识本身出发自下而上构建，从而决定了对于新的研究领域能够生成新的研究主题，而不是通过人工将知识划分到已有的学科类目。因此，更能及时反映学科知识结构的变化，及时了解学科发展方向。索米宁（Suominen）和托伊瓦宁（Toivanen）基于 Web of Science 数据通过无监督学习分类构建了芬兰的科学图谱，并将该方法与人为的分类 OECD 分类进行了比较，讨论了这种方法在揭示科学潜在知识结构方面的优势：从理论和实践的角度来看，基于人类推理的科学知识分类框架存在一些挑战，因为它们通常试图将新的知识融入已有的科学知识的模型，不能轻易用于新的大规模数据集。相反，自动分类从可用的文本语料库生成分类模型，从而识别新的知识[5]。崔宇红等就曾基于 SciVal 进行了研究前沿主题探测的遴选[77]。在揭示跨学科结构方面，可以从主题层面揭示不同学科知识结构之间的交叉。王琦和阿尔格伦（Ahlgren）使用 CWTS 分类在主题层面对全学科进行了跨学科性研究[78]。

2.4.3　学科标准化

不同学科领域的引用实践有差异，因此比较不同学科引文影响力时需要进行学科领域标准化。常用的引文影响力指标标准化是基于一个学科分类体系，其中常用的分类就是 WOS 分类。但是，这种期刊层次分类有些类目比较宽泛，同一类目的引用实践也可能具有异质性。相对来说，算法构建论文层次的学科分类体系能够提供更细粒度的分类，这也是沃尔特曼构建这种分类体系的初衷。学科标准化直接影响到评价结果，因此，科学计量学界更关注算法构建的论文层次学科分类得到的标准化值与基于其他学科分类体系得到的标准化值是否一致或相关，更关注对评价结果有什么样的影响，哪种分类更适合标准化。

科睿唯安的报告显示基于 WOS 分类、CWTS 分类、ANZSRC 分类得到的平均学科标准化引文影响力（Category Normalized Citation Impact，CNCI）两两之间的相关性都较高[11]。沃尔特曼报告显示，所选高校的教师、部门和研究小组在 WOS 分类和基于引文关系的论文层次分类下的 MNCS（Mean Normalized Citation score）值的 pearson 相关性为 0.89 或更高，平均绝对分数差异为 0.17 和更低[15]。但是豪斯奇尔等得到不同的结果。2018 年，豪斯奇尔等选用标准化引文分数（Normalized Citation Scores，NCS）指标，研究了 WOS 期刊分类、CA 分类和基于引文的论文层次分类三种学科分类体系下的 NCS 值的一致性，结果显示使用前两种分类体系得到的 NCS 值一致性较高[79]。随后，豪斯奇尔又进一步深入研究，基于引文构建三个不同粒度的分类，并加入基于主题相似性的分类，与原有的 WOS 分类和 CA 分类一起共计 6 种分类方案，就不同分类下的 NCS 值进行比较。结果显示，WOS 分类与 CA 分类下的 NCS 值至少达到中等水平的一致性，三种基于引文的分类中至少有两种也达到中等水平的一致性，但是基于引文和基于语义得到的分类下的 NCS 值的差异最大[80]。

有学者将 WOS 分类和基于算法的两种粒度的分类（G6 和 G8）下的标准化过程进行了比较，结果显示细粒度的 G8 分类比

WOS 分类更适合用于评价目的的标准化[71]。有研究基于算法构建了 12 个不同粒度的论文层次分类，选择 MNCS 和 PPtop 10%（Proportion of top 10% publications）两个指标，研究不同粒度分类对 2013 年 CWTS 莱顿大学排名中包括的 500 所大学的引文影响。研究结果显示，随着粒度的提高，高校基于 MNCS 和 PPtop 10% 的影响力指标值的分散性和偏斜度逐渐减小。对于全球范围内的大学而言，不管是选择 WOS 分类还是多数算法分类，MNCS 和 PPtop 10% 值之间都有很强的相关性，也就是说引文影响力指标对于选择不同的分类并不是很敏感。但是，对于具体大学而言，基于期刊层次分类和基于算法构建论文层次分类得到的标准化指标差异明显[81]。随后进一步研究，通过选择 WOS 分类和算法构建的 G8 粒度的分类，选择 Top 1% 和 Top 10% 两个指标，研究了选择不同分类体系对莱顿大学排名的影响[82]。豪斯奇尔等比较了 CWTS 分类和 WOS 分类特定集群中的平均引文数后发现分类体系对平均引文影响力有显著影响[8]。阿尔格伦（Ahlgren）等也将 CWTS 分类作为其中的一种分类，研究了 Web of Science 中的参考文献性质与领域标准化引文率之间的关系[83]。

计量指标学科标准化后可以对不同的对象进行评价，如期刊评价。国内已有团队使用 CWTS 的论文层次分类，计算学科标准化引文超越指数（Field Normalized Citation Success Index，FNC-SI）对 JCR 期刊进行分区[84]。

综上所述，在学科标准化中的应用比较研究主要是集中在算法构建论文层次学科分类体系与 WOS 分类下的标准化值的一致性比较，以及对评价结果的影响。其他的分类体系涉及相对较少，对评价结果影响的研究深度不够，对差异产生的原因以及是否有学科差异分析不足。

2.5 具体案例：引文主题（Citation Topics，CT）

2.5.1 CT 基本情况

CT 是科睿唯安与 CWTS 合作，把 Web of Science 数据库中 1980 年至今的所有文献基于文献之间的直接引用关系，利用 CWTS 开发的莱顿社团算法自下而上聚类构建的三层学科分类体系。CT 中每篇文献只分配给一个主题。宏观和中观主题标签是根据内容手动标注，而微观主题标签根据文献中的重要关键词自动标注。该分类体系之所以使用"引文主题"这个名称，根据科睿唯安报告，"是因为分类体系是由引文网络构建，并且由此产生的聚类性质各不相同。有些聚类与传统学科标签（如眼科学）保持一致，而有些则专注于特定的疾病、材料或分析技术。主题一词似乎比分类或类别更合适，那些意味着一种正式的结构"[11]。由此可见，CT 这种学科分类体系有别于传统有正式层级结构的学科分类体系。

CT 已于 2020 年 12 月初在 Incites 平台推出。CT 发布之初包含 10 个宏观主题、326 个中观主题以及 2444 个微观主题。分析了超过 6000 万篇文献，有 5000 万篇文献被归入引文主题。就实质性研究文献类型（研究论文和综述）而言，从 1980 年开始的全部数据中，可以归入某一主题的文献比例很高（92%的研究论文和 96%的综述），最近五年的情况进一步改善（95%的研究论文和 99%的综述）。

图 2-4 展示了 CT 的分类体系结构，列出了 10 个宏观主题，并以"地球科学"为例，说明"地球科学"是如何由 12 个中观主题聚合而成的，其中一个中观主题（传感器与断层摄影）是由 5 个微观主题聚合而成，其中一个微观主题突出了 GPR（探地雷达）。

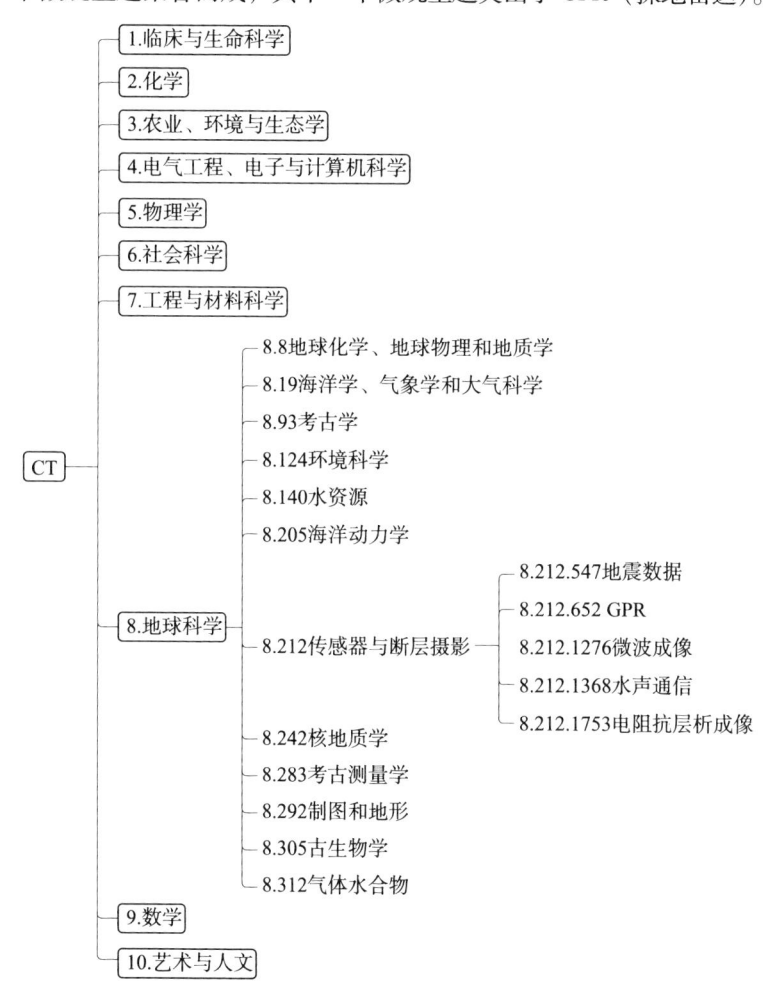

```
CT ─┬─ 1.临床与生命科学
    ├─ 2.化学
    ├─ 3.农业、环境与生态学
    ├─ 4.电气工程、电子与计算机科学
    ├─ 5.物理学
    ├─ 6.社会科学
    ├─ 7.工程与材料科学
    ├─ 8.地球科学 ─┬─ 8.8地球化学、地球物理和地质学
    │              ├─ 8.19海洋学、气象学和大气科学
    │              ├─ 8.93考古学
    │              ├─ 8.124环境科学
    │              ├─ 8.140水资源
    │              ├─ 8.205海洋动力学
    │              ├─ 8.212传感器与断层摄影 ─┬─ 8.212.547地震数据
    │              │                          ├─ 8.212.652 GPR
    │              │                          ├─ 8.212.1276微波成像
    │              │                          ├─ 8.212.1368水声通信
    │              │                          └─ 8.212.1753电阻抗析成像
    │              ├─ 8.242核地质学
    │              ├─ 8.283考古测量学
    │              ├─ 8.292制图和地形
    │              ├─ 8.305古生物学
    │              └─ 8.312气体水合物
    ├─ 9.数学
    └─ 10.艺术与人文
```

图 2-4　CT 体系结构

2.5.2 CT 更新

由于 CT 是基于引用关系，随着时间的推移，以及更多文献和引用的增加，文献的聚类归属可能发生变化。随着新主题的出现，现有文献可能会被重新归类，CT 也需要随着时间的推移而逐步发展和更新。目前出于实际考虑，CT 有两种更新形式：①每月。随着新数据的加入，文献将根据其引用的参考文献归入现有的微观聚类。②每年。每年重新运行一次聚类算法。可能会出现新的微观聚类，或者某些文献可能会在不同的聚类间漂移（漂移可能会影响最近的文献，它们在发表后的几年中获得的引用最多）。每年更新期间适度创建新的中观或宏观聚类。由于 CT 直接面向用户使用，因此 CT 更新时要考虑分类体系的易用性，即相对静态，这样用户不需要在每年更新时从头了解情况。同时也要包含一定的灵活性，以支持新兴主题的建立。

2022 年 4 月对 CT 进行了重新聚类，三个层级的类目数分别是 10、326 和 2457。重新聚类前后，对于宏观主题，大多数文献被分配到同一个宏观主题，平均稳定性为 96.88%，其中临床与生命科学最保守（文献稳定性为 99.06%），艺术与人文学科变化较大（文献稳定性为 94.15%），所有宏观主题标签名称都没有变动。对于中观主题，文献的稳定性高于 90%。微观主题相对变化较大，但是大多数微观主题保持了相对稳定的文献数量。160 个微观主题标签名称发生了变化，同时增加了 13 个微观主题。

2.5.3 CT 使用

通过基于文献的三个层级的引文主题分类体系，Incites 用户可以对研究方向、研究人员、组织、国家/地区、期刊和资助机构的产出进行更细致的分析。CT 与 CWTS 分类都是沃尔特曼（Waltman）等人使用同样的算法基于 Web of Science 数据库构建，因此两个分类体系具有很大的相似性。本研究中将 CT 的三个层级分别表示为 CT1、CT2 和 CT3，后续都是以 CT 作为算法构建论文层次学科分类体系展开进一步的研究工作，具体的 CT 版本以下载数据时的版本为准。

2.6 发展方向

2.6.1 探索基于深度学习文档表征技术构建数据关系

构建数据关系是基于算法构建论文层次学科分类体系的关键环节。目前构建过程中仍然以传统的技术方法为主，随着深度学习技术的发展，探索将目前主要用于文本分类的文档表征方法用于自动聚类前的论文间相似度计算，实现在无学科分类体系前提下自组织构建知识集群。

2.6.2 人文社会科学的构建方法研究

目前的研究主要集中在自然科学和社会科学，对人文学科的覆盖相对欠缺。人文学科具有明显的民族性和地域性，很多数据库对人文学科文献收录范围有限，人文学科引用实践也有别于自然科学和社会科学。因此，有必要探索前述文档表征方法或者文本数据和引用数据相结合的方法来构建人文社会科学的分类体系，并将其应用于实践，从而拓展算法构建论文层次学科分类体系的构建和应用范围，充分发挥算法构建论文层次学科分类体系的优势。

2.6.3 通过与其他学科分类体系的应用比较深入研究其特点

没有最好的学科分类体系，只有与特定目的相匹配的学科分类体系。算法构建论文层次学科分类体系只有通过与其他学科分类体系的比较才能对其优势和不足有充分的了解，指导后续根据其优势进行具体应用。目前，算法构建论文层次学科分类体系与其他学科分类体系的理论比较研究还不够深入，与其他学科分类体系的实证比较相对较少，没有通过全学科大规模数据来比较不同分类体系的类目设置与类目间的关联关系，无法充分揭示算法构建论文层次学科分类体系的特点。在构建领域数据集、描述学科结构和学科标准化等具体的应用比较研究方面还有待进一步深入。本研究拟在此方向进行深入研究。

2.7 本章小结

本章梳理总结了算法构建论文层次学科分类体系的发展历程、构建方法，以及在构建领域数据集、描述学科结构和引文标准化等方面的应用，并以 CT 为例介绍了现有基于算法构建的论文层次学科分类体系，最后指出了现有研究中的一些问题或不足以及未来可能的发展方向。

算法构建论文层次的学科分类本身存在的问题势必会影响其广泛使用。但是随着技术的进步和方法的发展，构建过程中存在的问题会逐渐得到解决。相信这种分类体系为科学计量分析和评价提供了新的思路和方法,为包括期刊评价在内的学术评价提供更多数据支撑和参考。

科学知识迅速发展,传统构建方法决定了传统学科分类体系不能及时反映新的主题和领域。而算法构建论文层次学科分类体系在此方面具有天然的优势,能够及时捕捉不断变化的学科知识结构。因此,算法构建论文层次学科分类体系在构建领域数据集,尤其是在新兴学科和交叉学科及描述学科知识结构方面能够发挥更大的优势,进而还可以促进传统学科分类体系的更新。

第 3 章　算法构建论文层次学科分类体系的特点
——与传统学科分类体系比较的视角

对于算法构建论文层次学科分类体系有什么特点这样一个问题，可以从两个角度进行分析，一个角度是学科分类体系本身有什么特点，另外一个角度是在使用过程中也就是实际学科分类过程中会表现出什么特点。对于前者，可以从分类体系的编制/研制方法、层级结构、更新周期等几个方面着重阐述；对于后者，则需要使用数据实证的方式来考察这种学科分类体系的类目特点，以及在反映学科间交叉融合等方面的能力等。为了从这两个角度分析，本章采用比较的研究方式，在将其与传统学科分类体系进行比较过程中，发现其特点甚至优势或不足。考虑到后续研究中需要用到多种传统学科分类体系，因此本章首先概述了主要的传统学科分类体系基本情况和使用情况；其次从理论视角分析两种学科分类体系的差异和各自的特点；最后通过数据实证分析比较两种学科分类体系的分类结果，进一步分析相对传统学科分类体系，算法构建论文层次学科分类体系的特点或优势。

3.1 传统学科分类体系

从构建的方法来看，可分为基于专家自上而下的传统学科分类体系和基于算法自下而上自组织构建的学科分类体系。其中传统学科分类体系按照需求又可分为文献分类体系、国际/国家标准分类体系、学位教育分类体系、科学基金申请资助分类体系等。

3.1.1 文献分类体系

文献分类虽然不等同于学科分类，但文献分类以学科分类为基础。文献分类的对象是图书馆与各种文献信息机构所收集与使用的古今中外各种文献，文献分类的目的是按学科知识的系统性组织文献和揭示文献。文献分类体系的首要功能是用于各类型图书馆和文献信息机构信息资源的组织和检索。国内外常见的文献分类体系有《中国图书馆分类法》《美国国会图书馆分类法》。

1.《中国图书馆分类法》(以下简称《中图法》)

《中图法》是为适应我国各类型图书情报机构对文献进行整序和分类检索的需要，为统一全国文献分类编目创造条件而编制和发展的，是我国目前通用的图书分类依据。《中图法》由国家图书馆《中国图书馆分类法》编辑委员会推出，目前最新版是2010年出版的第5版。《中图法》根据图书资料的特点，按照从总到分，从一般到具体的编制原则，确定分类体系，组成二十二个大类[85]。《中图法》是一部大型的综合的文献分类工具，适合各种类型的图书情报文献部门。

《中图法》作为一种文献分类方法，其基本功能是编制分类检索工具和组织文献分类排架，广泛应用于各类型图书馆和文献信息机构。《中图法》为满足不同图书情报机构、不同文献类型分类标引和检索的需要，在发展中逐渐形成了一个系列，比如针对期刊的《中图法·期刊分类表》。《中图法》应用最多的文献是图书，但也广泛应用于其他文献，比如期刊和论文。我国大陆出版的期刊的国内统一连续出版物号中的学科分类就是以《中图法》为依据，很多学术期刊刊载论文的学科分类也是按照《中图法》。

2. 文献数据库分类体系

文献数据库分类实质也是文献分类，但又不同于传统文献分类。文献数据库商会根据收录文献数据的特点和范围制定相应的学科分类体系。Web of Science，Scopus 等文献收录数据库商都设有相应的学科分类体系。

Web of Science 学科分类

Web of Science 数据库有几个分类体系，其中基础的分类体系是 Web of Science 学科目录（WOS Category），即 WOS 分类。WOS 分类涵盖了自然科学、社会科学、艺术与人文领域 250 多个类目，所有被 Web of Science 检索到的期刊或图书根据其内容归入一个或多个学科类目。WOS 分类主要基于收录的来源出版物层次，如期刊、图书、会议论文集等，数据库中的每条记录的学科类别依据其所在来源出版物的所属类别。WOS 分类的初衷是用于收录文献的组织和检索，但是随着 Web of Science 数据库及其衍生产品的广泛使用，WOS 分类已成为国际科学评价实践中广泛使用的分类体系之一。

基本科学指标（Essential Science Indicator, ESI）分类则是 Web of Science 在其 WOS 分类基础上开发的新的分类体系。ESI 分类体系仅涵盖 SCI 和 SSCI 收录的文献，共有 22 个类目，也是基于期刊层次。WOS 分类中，可以对期刊分配多个类目，而 ESI 只对自然科学和社会科学领域的期刊分配一个类目。ESI 作为一个衡量科学研究绩效、跟踪科学发展趋势的基本分析评价工具，被广泛应用于大学排名、科研评价和学科评估。国内外大学排名和科研机构绩效评价中也越来越多地使用 ESI 数据库和 ESI 学科分类[86-88]。

同时，由于 Web of Science 数据库内还有其他语种数据库（如中国科学引文数据库、俄罗斯科学引文索引等），为了统一数据库的分类体系，Web of Science 又推出了另外一个分类体系——研究领域（Research Area），WOS 分类中的 250 多个学科类目可以通过其内部的映射表对应到 150 多个研究领域中。

Scopus 学科分类

Scopus 对期刊使用 ASJC（所有学科期刊分类）架构进行分类，分为两个层级：一级学科 27 个，二级学科 324 个。Scopus 收录的期刊由内部专家根据期刊名称、范围和出版内容对其进行分类。

文献数据库的学科分类体系主要基于收录的来源出版物层次，如期刊、图书、会议论文集等，数据库中的每条记录的学科类别依据其所在来源出版物的所属类别。除了上述覆盖全学科的分类体系，还有一些只覆盖某学科的分类体系，如美国物理学会的物理天文分类体系（Physics and Astronomy Classification Scheme, PACS）、化学文摘社的化学文摘分类体系（Chemical Abstracts,

CA）、美国医学图书馆的《医学主题词表》（Medical Subject Headings, MeSH）、美国经济学会《经济文献杂志》（Journal of Economic Literature, JEL）创立的分类等。

文献数据库分类体系主要用于收录文献的组织和检索。随着文献数据库衍生产品的开发，其学科分类也会用到这些产品中，比如期刊评价产品等。同时，用户在基于这些数据库进行研究或开发新产品时也会利用数据库分类体系。

3.1.2 国际/国家标准分类体系

国际标准分类体系是国际组织或机构为了全球范围内统计比较的需要，制定的世界上各国可作为参照实施的权威的分类标准，对各国各领域制定专门的分类体系具有指导作用。国家标准分类体系则是各国制定的适合本国国情的国家层面的分类标准，一般由政府部门发布。

1. 国际教育标准分类

国际教育标准分类（International Standard Classification of Education, ISCED）由联合国教科文组织统计研究所制定，专门为国际教育统计所使用的标准分类法，是最具权威性的国际学科分类体系，包括教育水平和教育领域两种分类。2013 年重点修订了教育和培训学科领域分类，形成 2013 版 ISCED 教育和培训分类领域（ISCED Fields of Education and Training classification, ISCED-F 2013）。ISCED-F 2013 对每个学科领域的主题内容和边界进行了详细描述[89]。ISCED-F 2013 对教育领域分了三个层级，分别是 11 个门类（Broad field），57 个领域（Narrow field）和 148 个子领域（Detailed field）。

由于世界各国的教育体系的结构和课程内容各不相同，很难对各国长期的表现进行基准测试，也很难监测各国和国际目标的进展情况。而为了从全球的角度理解和准确理解教育系统的投入、过程和结果，确保数据的可比性是至关重要的，在此背景下，产生了 ISCED 这样一个国际标准分类框架。因此，ISCED 的基本功能是用于以收集、汇编和分析跨国之间数据比较为目的的各种教育统计。

2. 经济合作与发展组织分类体系

经济合作与发展组织（Organization for Economic Co-operation and Development，OECD）是最早开展科技统计和科技指标工作的国际组织。《弗拉斯卡蒂手册》（*Frascati Mannual*）是 OECD 制定的一个经合组织成员国研发数据收集、测度和统计的标准，并逐渐成为全球研究和发展能力的衡量标准，同时也成为教育和贸易统计等其他统计领域的国际标准，目前最新版于 2015 年发布[90]。《弗拉斯卡蒂手册》对研发领域进行了学科分类，称之为 OECD 研究和发展领域（OECD Fields of Research and Development，FORD）。早期版本的 FORD 以联合国教科文组织的《关于科学和技术统计资料国际标准化的建议》为基础，因此两者密切相关并有一致性。FORD 与 ISCED-F 也有一定的联系，但并不直接对应。OECD 分类是经济合作与发展组织对研发领域进行的学科分类。OECD 学科分类有两个层次：6 个一级门类（Broad classification）和 42 个二级类目（Second-level classification）。门类包括自然科学、工程和技术、医学和健康科学、农业和兽医学、社会科学、人文和艺术。

OECD 分类主要为了研发测量和统计，对研发单位和研发项目进行分类。OECD 分类适用于宏观层面分析，经常用于国家层面科研竞争力评估[91]。作为研发测量统计的国际标准，OECD 分类也是很多国家制定研发测量统计分类的基础，如澳大利亚和新西兰标准研究分类（Australian and New Zealand Standard Research Classification，ANZSRC）[92]及加拿大研究分类（The Canadian Research and Development Classification，CRDC）[93]的制定都是以 OECD FORD 为基础的。

3. 澳大利亚和新西兰标准研究分类

澳大利亚和新西兰标准研究分类（Australian and New Zealand Standard Research Classification，ANZSRC），ANZSRC 由澳大利亚统计局、新西兰统计局、澳大利亚研究委员会和新西兰商业、创新和就业部联合开发，最新版是 ANZSRC 2020。为了国际比较，ANZSRC 很大程度上遵循了 OECD 的分类规则。ANZSRC 的学科领域（Fields of Research，FOR）由三级组成，分别是 23 个门类（Division）、213 个学科（Group）和 1967 个领域（Fields）[92]。

ANZSRC 为了测量和分析澳大利亚和新西兰的研究与实验发展（R&D）统计数据而开发，可以用于比较两个国家和世界其他地区不同经济部门的研发数据，如一般政府部门、私营非营利组织、企业和教育机构[94]。ANZSRC 也被用于一些评价实践，如澳大利亚卓越研究计划（Excellence in Research for Australia，ERA）就用 ANZSRC FOR 对期刊进行了学科分类[95]。

4. 《学科分类与代码》

《学科分类与代码》由中华人民共和国国家质量监督检验检疫总局和中国国家标准化管理委员会发布，最新版本是《学科分类与代码》(GB/T 13745—2009)。《学科分类与代码》主要依据学科的研究对象，学科的本质属性或特征，学科的研究方法，学科的派生来源，学科研究的目的与目标等方面进行划分，将学科划分为自然科学、农业科学、医药科学、工程与技术科学和人文与社会科学 5 个门类、62 个一级学科或学科群、676 个二级学科或学科群、2382 个三级学科[96]。该标准规定了学科分类原则、学科分类依据、编码方法，以及学科的分类体系和代码。

《学科分类与代码》研制之初就是因为当时存在的几种分类表适用面窄，不完善、不统一，不便于各部门的信息交换和数据比较，因此学科分类的标准化便于信息交换和资源共享[97]。标准中也明确指出"该标准的分类对象是学科，不同于专业和行业，适用于基于学科的信息分类、共享与交换，亦适用于国家宏观管理和部门应用"[96]。除了用于部门间的信息交换，《学科分类与代码》也被国内有些机构用于评价实践，如中国社会科学评价研究院的期刊评价报告，南京大学的"中国人文社会科学引文索引"和武汉大学的《中国学术期刊评价研究报告》都以此分类为基础，对期刊进行学科分类。

3.1.3　学位教育分类体系

学位教育分类体系是各国专门为高等教育学科专业设置和管理、学位授予、人才培养和学科建设而提供的学科分类，如我国国务院学位教育委员会、教育部印发的《研究生教育学科专业目录》。

为贯彻《国家中长期教育改革和发展规划纲要（2010—2020年）》，适应我国学位与研究生教育事业的改革与发展，国务院学位委员会、教育部于 2011 年 3 月印发了《学位授予和人才培养学科目录（2011年）》，2018年进行了更新，2022年在2018年基础上又编制形成了《研究生教育学科专业目录（2022年）》。根据国务院学位委员会、教育部印发的《研究生教育学科专业目录管理办法》的规定：研究生教育学科专业体系分为学科门类、一级学科与专业学位类别、二级学科与专业领域；学科门类是对具有一定关联学科的归类，设置应符合学科专业发展规律和人才培养需要，并兼顾教育统计分类惯例；一级学科设置须体现知识分类，应具有明确的研究对象，已形成相对独立、自成体系的理论、知识基础和研究方法，研究领域和学科内涵与其他一级学科之间有比较清晰的界限[98]。《研究生教育学科专业目录2022》有哲学、经济学、法学、教育学、文学、历史学、理学、工学、农学、医学、军事学、管理学、艺术学、交叉学科14个学科门类，共计170余个一级学科[99]。

类似的学科分类体系还有英国的高等教育学科分类系统（The Higher Education Classification of Subjects, HECos）[100]，意大利大学研究和教学学科表（Academic Disciplines list for Italian Universities Research and Teaching）[101]。

学位教育分类体系是各国专门为高等教育学科专业设置和管理、学位授予、人才培养和学科建设而构建的。《研究生教育学科专业目录管理办法》明确规定：研究生教育学科专业目录适用于博士硕士学位授予、招生培养、学科专业建设和教育统计、就业指导服务等工作。学科门类、一级学科与专业学位类别是国家进行学位授权审核与管理、学位授予单位开展学位授予和人才培养工作的基本依据[98]。除此之外，各国也会利用学位教育分类体系开展一些评价工作。我国教育部学位与研究生教育发展中心开展的学科评估，就是按照教育学科专业目录的学科划分，对具有研究生培养和学位授予资格的一级学科进行整体水平评估。意大利的研究质量评估（Evaluation of Research Quality，VQR）中的学科分类也是基于本国的学位教育分类体系[102]。

3.1.4 科学基金分类体系

科学基金资助管理部门需要学科分类以供科学家在基金申报过程中选择最能描述其基金申请内容的学科分类，以及后续同行专家的评审，由此产生了科学基金分类体系。国内外常见的有我国的国家自然科学基金分类体系、国家社会科学基金分类体系，美国的NSF。科学基金分类体系对于引领科研发展、优化学科布局具有一定的作用。

1. 国家自然科学基金分类体系

国家自然科学基金分类体系是国家自然科学基金委员会针对自然科学基金的申请而设计，在其下设地球科学部、工程与材料学部、管理科学部、化学科学部、生命科学部、数理科学部、信息科学部和医学科学部等部门，又下设了6位三层级的申请代码，如A01（数学）、A0101（数论）、A010101（解析数论），以供科学家选择最能描述其基金申请内容的学科分类[103]。

2. 国家社会科学基金学科分类体系

《国家社会科学基金学科分类》是全国哲学社会科学工作办公室为国家社会科学基金申请而制定的学科分类，分为两个层级，一级有27个学科门类，二级有288个类[104]。

3.2 学科分类体系的自身特点比较

算法构建论文层次学科分类体系的特点主要在于研制方法不同于传统学科分类体系，以及在此基础上表现出的层级结构和更新周期方面的差异。因此本节重点是算法构建学科分类体系与传统学科分类体系的比较。

3.2.1 编制/构建方法

传统学科分类体系一般由各学科领域有深厚理论知识和经验知识的专家、学者，反复讨论、多方协调，把人类知识科学地划分到不同的学科或知识门类，确定各个学科和知识门类的相互联系，以及在人类知识体系中的位置。因此，传统学科分类体系基本都是基于专家研制或编制。例如，《学科分类与代码》在编制过程中采用了以专家路线为主，广泛征询各学科领域的专家意见，多次召开专家会议[97]。《中图法》每版都会成立编委会，集中全国的分类专家进行编制。《研究生教育学科专业目录》中学科门类、一级学科和二级学科的调整都要征求专家意见[98]。传统学科分类体系的层级结构、学科覆盖范围、粒度、类目名称等都是依靠专家主观判断，因此受专家主观因素影响较大，不同专家的意见可能不一致甚至相反。随着科学的快速发展，科学知识数量上呈指数级增长，科学知识内容方面，纵向维度不断深入细化，横向维度各学科之间相互渗透融合。专家的个人知识毕竟有限，依靠专家构建学科覆盖全面且更新及时的学科体系较为困难。

算法构建的学科分类体系依靠文献自身所揭示的科学知识，通过文献之间的引用关系或者文本相似性考察各学科之间的亲疏远近，从科学研究成果的基本单元入手揭示科学的内部知识结构，建立相应的分类体系。构建过程主要有以下几个步骤：选择数据源，构建数据关系，聚类形成微观主题簇，调整分辨率形成不同层级分类体系，描述或命名学科领域。构建过程决定了算法构建的学科分类体系主要基于科学文献知识自下而上构建。由于构建过程中可以以最新的科学研究成果为数据，因此，构建出的分类体系能够及时反映最新研究主题的发展。但是因为是算法自动产生，需要人工加注标签来描述或命名学科领域，且不易验证。

3.2.2 层级结构

传统学科分类体系多数都有树状的层级结构，层级清晰。最高级代表大的门类，每个门类又层层分解下去。例如，《中图法》"采用等级列举式的分类体系进行编制，使用概念逻辑划分的方法，层层展开，形成一个树形结构，显示知识分类的等级结构"。此类型的学科分类体系层级结构相对稳定。当然，也有个别传统学科分类体系层级结构不那么明显，如 WOS 的分类体系趋向扁平化。

算法构建的学科分类体系主要有两种形式：一种是将单篇论文划分到不同的学科，没有形成具有明显层级结构的分类体系；另外一种是不但对单篇论文进行学科划分，而且通过调整层级数和分辨率形成具有一定层级结构的分类体系，CWTS 分类和 CT 都属于这种形式。与传统学科分类体系相对固定的层级结构不同，算法构建的学科分类体系的层级结构可以根据需要形成不同层级的结构，且可根据需要随时动态调整。

3.2.3 更新周期

传统学科分类体系一般要求在一定时间内是相对稳定的，如作为国家标准的学科分类体系和传统文献分类体系，更新周期都较长。《学科分类与代码》在引言中明确指出"主要收录已经形成的学科，对于成熟度不够，或者尚在酝酿发展有可能形成学科的雏形则暂不收录，待经过时间考验后下一次修订本标准时再酌情收录"[96]。因此，《学科分类与代码》这样的国家标准分类体系揭示的是有一定成熟度的学科，对于新兴的学科领域并不能及时反映。学位教育学科分类体系也相对稳定，如《研究生教育专业学科目录管理办法》中规定"学科门类、一级学科每5年修订一次，二级学科与专业领域目录每3年统计编制一次"[98]。文献数据库的学科分类体系则随着收录文献主题的变化而调整，相对更加灵活。

算法构建学科分类体系一般都是基于数据构建，可以随着数据的更新而及时更新，时效性较强。实践中一般会保持相对的静态和一定的灵活性，相对静态便于用户使用，一定的灵活性支持新兴主题的建立。例如，科睿唯安每年重新运行一次聚类算法，CT微观层面的聚类可能就会有所调整。因此，这种分类体系能够比较及时地反映科学知识结构变化，捕捉到新的研究主题或交叉研究主题。

根据前面两种学科分类体系在层级结构和更新周期方面的差异，可以发现传统学科分类体系一般都体系结构完整，层级清晰，相对稳定。这也意味着这种分类体系更新周期较长，不能及时反映学科结构的动态变化。使用传统学科分类体系进行具体对象的学科划分一般有两种形式：人工入类和自动归类。人工入类主要根据对象的内容特征通过人工判断将具体对象划分到已有的学科类中，如投稿过程中作者根据文章内容对论文标注中图分类号。事实上学科分类过程大多数都属于此种情况，但是这种分类方法存在的问题：一是依赖于已有的学科分类体系，由于传统学科分类体系更新周期较长，而科学知识的快速发展促使很多新的学科分支或交叉学科不断涌现，很多新的研究很难归入现有的学科分类体系；二是分类过程需要人工判断，主观性较强，分类结果不能客观反映对象的内在学科属性。随着技术的发展，还可以利用机器学习技术和模型将文本自动归入已有的学科类。这种分类方法弥补了前述人工判断入类的不足，但依然存在依赖于已有学科分类体系的问题。

算法构建学科分类体系尤其是论文层次分类体系的最大优势在于自下而上，依靠知识之间的相互关系，基于文本内容自组织构建，而不是人为给定的标签对科学文本分类，不受人工干预，客观反映科学知识的内在结构。构建分类体系的过程中自动完成了对科学知识的分类，对于新的研究领域可自动生成新的研究主题，而不是人为归入已有的分类框架。其最大的特点是灵活性，可以满足不同的应用目标，对于科学评价特别具有适应性和针对性。但是因为是算法自动产生，需要人工加注标签，且不易验证。此外，形成的分类体系与所使用的数据源的覆盖面和质量有很大关系。两种分类体系的特点比较见表3-1。

表3-1 传统学科分类体系和算法构建学科分类体系特点比较

分类体系	特　点
传统学科分类体系	基于专家编制或研制； 体系结构相对完整，层级清晰，相对稳定； 更新周期较长，不能及时反映最新研究领域，不能及时反映知识交叉与融合

续表

分类体系	特　点
算法构建学科分类体系	基于文献之间的引用关系或者文本相似性，从基本的知识单元出发构建分类体系； 可以根据需要形成不同层级的结构； 知识的客观展示，可以随着数据的更新而及时更新，时效性较强，可及时反映最新主题、捕捉不断发展变化的科学结构； 及时反映传统学科体系间的交叉与融合； 不够系统严密，需加注标签，不易验证

3.3　分类结果的比较

编制/构建一种学科分类体系，其目的还是对具体对象进行学科分类（或学科划分）。传统学科分类方法要么人工判断入类，要么通过文献引用关系或者文本内容将文献自动归类，或者两种形式相结合，都是将对象划分到已有的分类体系或框架内。而算法构建论文层次学科分类体系在其构建过程中就自动完成了对论文的学科划分。基于算法进行的论文层次的学科分类结果有什么特点？这就需要与基于其他学科分类体系的学科分类结果进行比较，如学科划分的一致性或差异性，进而考察基于算法的论文层次学科分类的特点或优势。前面已从理论层面与传统学科分类体系进行了比较，指出算法构建论文层次学科分类体系的一些优势。豪斯奇尔（Haunschild）也将算法构建的学科分类体系的优势总结为：①基于出版物层面，而不是期刊层面，出版物分类更细，避免了多学科期刊论文的分类难题；②每篇论文只划分到一个学科，避免了统计分析和领域标准化指标计算中的复杂性；③不局限于单一学科，可以应用到整个文献数据库；④对于文献数据库中的出版物聚类得到算法构建的学科分类体系可免费获取[8]。本部分通过选择同一数据在不同分类体系下的学科划分，研究算法构建论文层次学科分类体系与传统学科分类体系下学科分类结果整体上的相似性，算法构建论文层次学科分类体系的类目特点，与传统学科分类体系类目的关系，进而探讨算法构建论文层次学科分类体系在反映最新研究领域和传统学科分类体系间知识交叉融合的优势。

3.3.1 数据和方法

1. 数据来源

研究数据来源于科睿唯安的 Incites 数据库。传统学科分类体系选择 WOS 分类和 ESI 分类，两个分类体系都是国内外科学计量分析和评价中使用较多的分类体系，代表了两种不同粒度的传统学科分类体系。目前，WOS 分类有 254 个类目，ESI 有 22 个类目。此处算法构建论文层次学科分类体系选择 CT 中的 CT2。

为了考察全学科情况下不同学科分类体系的分类表现，选择 Incites 数据库整年的数据为分析对象。在 Incites 数据库选择研究领域为引文主题的微观层次，下载出版年为 2020 年文献类型为研究论文和综述的所有记录，这样每条记录都有唯一的 CT 三个层次的分类（本章数据下载时间 2022 年 1 月）。由于 Incites 数据库内嵌了会议索引和图书索引，为了方便 CT2 分类与 WOS 分类、ESI 分类的比较，将记录限定为期刊论文。由于 WOS 分类和 ESI

分类都是基于期刊层次的分类，因此通过每条记录所在期刊的分类即可得到每条记录相应的 WOS 分类和 ESI 分类。学科覆盖范围方面，WOS 分类包含全学科，ESI 分类体系不包含人文学科，因此将 CT2 与 WOS 分类，CT 与 ESI 分类分别单独比较。

2. 研究思路和方法

本部分按照以下的思路将 CT2 与 ESI 和 WOS 分类进行比较。首先，对于全学科而言，CT2 下的分类结果与 ESI 和 WOS 的分类结果整体上是否相似，相似度有多大。其次，CT2 与 ESI 和 WOS 类目之间的相似性高低，哪些类目相似性较高，哪些类目相似性较低。最后，不同学科分类体系下类目之间的对应关系，通过 ESI 和 WOS 类目在 CT2 研究主题上的分布来考察 ESI 和 WOS 类目的粒度是否合适，哪些类目还可以进行细化或调整，基于 ESI 和 WOS 分类的 CT2 研究主题广度来考察 CT2 中的类目是否体现了传统学科分类体系下的跨学科研究。具体研究思路和方法见图 3-1。

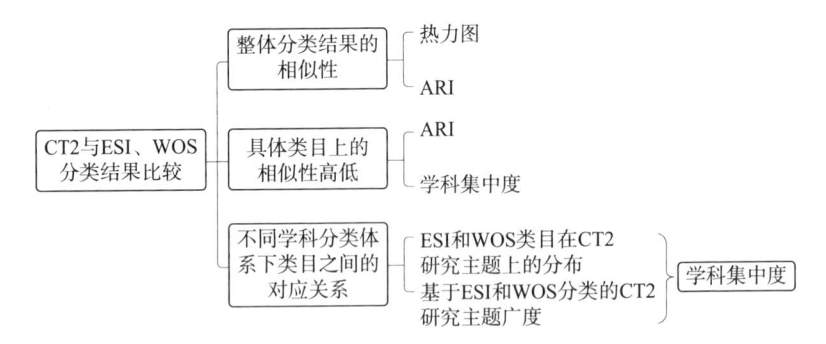

图 3-1 CT2 与 ESI、WOS 分类结果比较的思路和方法

调整兰德指数（Ajusted Rand Index，ARI）

对于全学科而言，CT2 下的类目与 ESI 类目和 WOS 类目整体上是否相似，相似度有多大。此处使用聚类效果评价指标调整兰德指数（Ajusted Rand Index，ARI）。调整兰德指数是兰德指数（Rand Index，RI）的改进版本。ARI 可以度量同一组对象的两个集群解决方案之间的相似性。ARI 取值范围为 [-1，1]，值越大越好，反映两种划分的重叠程度。用 C 表示实际的类别划分，K 表示聚类结果。定义 a 为在 C 中被划分为同一类，在 K 中被划分为同一簇的实例对数量。定义 b 为在 C 中被划分为不同类别，在 K 中被划分为不同簇的实例对数量。

$$RI = \frac{a+b}{\binom{n}{2}} \quad (3-1)$$

其中，n 表示实例总数，$\binom{n}{2} = c_n^2 = \frac{n(n-1)}{2}$。显然，RI 的取值范围为 [0，1]，值越大说明聚类效果越好。

为了计算 ARI 的值，引入列联表（contingency table），反映实例类别划分与聚类划分的重叠程度，表的行表示实际划分的类别，表的列表示聚类划分的簇标记，n_{ij} 表示重叠实例数量，如表 3-2 所示。

表 3-2　列联表

	簇 1	簇 2	…	簇 s	求和
类别 1	n_{11}	n_{12}	…	n_{1s}	a_1
类别 2	n_{21}	n_{22}	…	n_{2s}	a_2
⋮	⋮	⋮	⋮	⋮	⋮
类别 r	n_{r1}	n_{r2}	…	n_{rs}	a_r
求和	b_1	b_2	…	b_s	

$$\text{ARI} = \frac{\sum_{ij}\binom{n_{ij}}{2} - \left[\sum_{i}\binom{a_i}{2}\sum_{j}\binom{b_j}{2}\right]/\binom{n}{2}}{\frac{1}{2}\left[\sum_{i}\binom{a_i}{2} + \sum_{j}\binom{b_j}{2}\right] - \left[\sum_{i}\binom{a_i}{2}\sum_{j}\binom{b_j}{2}\right]/\binom{n}{2}} \quad (3-2)$$

科学计量学界也有研究使用 ARI 来考察不同分类方案下的类目相似度或差异性，博亚克和卡尔文斯在比较基于不同文献计量模型得到的聚类结果一致性时就使用了 ARI[54]。

学科集中度

学科集中度使用基尼系数。基尼系数源自经济学领域，实质是一种量化测度收入分配均衡程度的方法，值越大表明社会收入分配越不均衡。目前，基尼系数的概念和算法被广泛应用于很多领域，包括科学计量学界，如在学科交叉研究中引入基尼系数测量学科的均衡性[105-107]。贡斯（Guns）等在比较不同学科分类体系时使用基尼系数来分析学科的集中度[108]。本部分使用基尼系数可以测量一种分类体系的类目基于另外一种分类体系的学科集中度情况，以此可以测度不同学科分类体系下类目之间的相似性以及类目之间的对应关系。本节使用的基尼系数见公式（3-3）。

$$G = \frac{\sum_{i=1}^{m}(2i - m - 1)x_i}{m\sum_{i=1}^{m}x_i} \quad (3-3)$$

式中，x 代表观测值，m 是观测值数量，i 是升序后的名次。

本部分基尼系数从两个方面进行测度，具体包括：①基于 CT2 的 ESI 和 WOS 分类的基尼系数，可以了解两种学科分类体系中各类目在 CT2 研究主题上的分布情况，哪些对应了少量的 CT2 研究主题，哪些包含了大量的 CT2 研究主题；②基于 ESI 和 WOS 分类的 CT2 的基尼系数，可以考察基于 ESI 和 WOS 分类的

CT2 各研究主题的广度，即 CT2 哪些研究主题来自少量的 ESI 或 WOS 类目，哪些研究主题来自多个 ESI 或 WOS 类目。基尼系数介于 0 和 1 之间，值越小，表明类目的学科分布广泛均衡；值越大，表明类目的学科分布集中。

3.3.2 结果

1. 分类结果的相似性

通过计算文献在 CT2、ESI 分类和 WOS 分类中各类目的分布情况，分别得到 CT2 与 ESI 分类、CT2 与 WOS 分类不同类目共有文献数的矩阵，在此基础上分别得到 CT2 与 ESI 分类、CT2 与 WOS 分类的热力图。由 CT2 与 ESI 的热力图可看出 ESI 类目与 CT2 研究主题之间有一定的相似关系，ESI 中的部分类目在 CT 主题上比较集中，比如 ESI 类目中的社会科学总论主要集中在 CT2 中的管理学、哲学、文学等主题。但是部分 ESI 类目在 CT2 主题上的集中程度并不明显，如微生物学类目就没有明显对应的 CT2 主题。CT2 与 WOS 分类也有类似的情况。

虽然由热力图可以看出不同学科分类体系具有一定的相似性，但是具体相似度有多高，哪些类目的相似性较高，需要借助量化指标 ARI 进行解读。CT2 和 ESI、WOS 分类的 ARI 分别是 0.037 35 和 0.057 17，由此可以看出，相比 ESI，CT2 和 WOS 的相似度提高了，这与 WOS 分类体系比 ESI 的类目细了很多有很大关系。虽然从两个值的大小不能判断 CT2 与 ESI 和 WOS 两个分类结果的相似性到底是高还是低，但是可以通过删除 ESI 或 WOS 中的某个类目重新计算 ARI 后的值的变化（ΔARI）来判断某个类目与 CT2 的相似度。删除某个类目后 ΔARI > 0 表明此类目与 CT2 的类目相似性偏低，从而造成删除该类目后的 ARI 值提高。删除某个类目后 $\Delta ARI < 0$ 则表明此类目与 CT2 的类目相似性偏高，从而造成删除该类目后 ARI 值降低。图 3-2 显示，ESI 类目中临床医学、工程、生物/生物化学几个类目与 CT2 的类目相似性相对较低，而地球科学、数学、经济商业、物质科学等类目与 CT2 类目相似性相对较高。图 3-3 显示，WOS 类目中物质科学综合、化学综合、应用物理、环境科学、微生物学/分子生物学等类目与 CT2 类目相似性相对较低，而数学、天文学与天体物理学、粒子物理、有机化学等类目与 CT2 类目相似性相对较高。

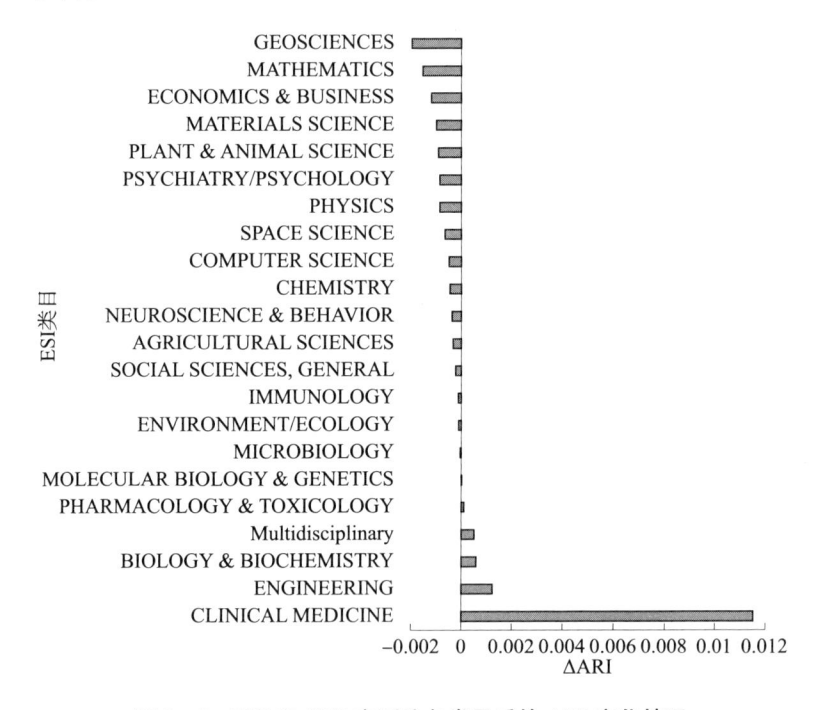

图 3-2　ESI 和 CT2 在删除各类目后的 ARI 变化情况

第3章 算法构建论文层次学科分类体系的特点 | 065

```
                        Mathematics ▨
                Astronomy & Astrophysics ▨▨
              Physics, Particles & Fields ▨▨▨
                      Chemistry, Organic ▨
                             Orthopedics ▨
                               Economics ▨
                           Plant Sciences ▨
                            Ophthalmology ▨
        Metallurgy & Metallurgical Engineering ▨
           Education & Educational Research ▨
  Public, Environmental & Occupational Health ▨▨
            Nanoscience & Nanotechnology ▨▨▨
                Pharmacology & Pharmacy ▨▨▨▨
                      Chemistry, Physical ▨▨▨▨
           Biochemistry & Molecular Biology ▨▨▨▨▨
                  Environmental Sciences ▨▨▨▨▨
                  Multidisciplinary Sciences ▨▨▨▨▨▨
                          Physics, Applied ▨▨▨▨▨▨
                Chemistry, Multidisciplinary ▨▨▨▨▨▨▨
        Materials Science, Multidisciplinary ▨▨▨▨▨▨▨▨
```

WOS类目

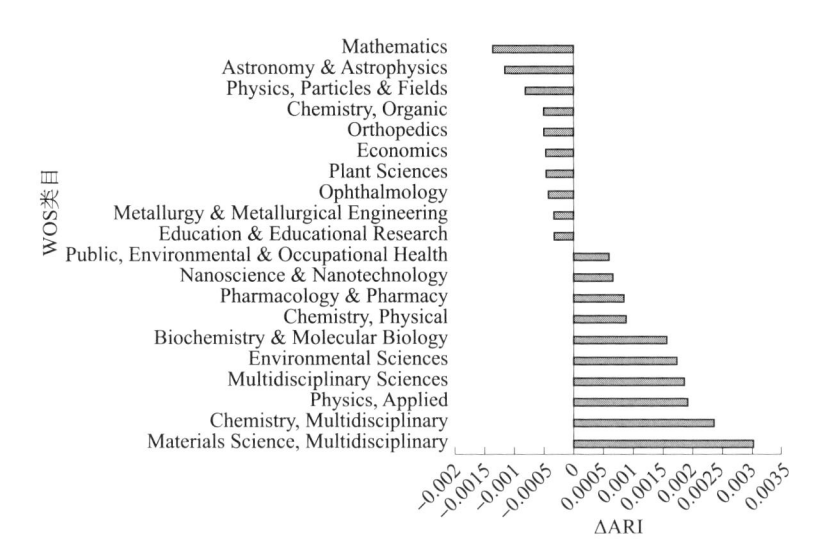

ΔARI

图3-3 WOS和CT2在删除各类目后的ARI变化情况
(仅列出提高和降低最多的前10个)

2. ESI 和 WOS 类目在 CT2 研究主题上的分布

基于CT2计算ESI和WOS学科分类体系中各类目的基尼系数可以考察ESI和WOS类目在CT2研究主题上的分布的广泛或集中程度，即包含了较多的CT2研究主题还是集中在少量的CT2研究主题。对于前者，表明ESI或WOS类目可能存在粒度较粗的问题，需要进一步细分；对于后者，表明ESI或WOS类目能够在CT2中找到比较匹配的研究主题。

由表3-3和表3-4可看出，不管是ESI分类还是WOS分类，基尼系数最低的都是多学科类目，只有0.5多。因为多学科类目本身就是涉及很多学科，基尼系数低是很正常的。ESI分类中基尼系数较低的类目主要集中在生物、医学、化学相关学科，说明这些学科本身包含的 CT2 研究主题广泛；而基尼系数较高的类目主要集中在空间科学、经济学、数学等学科，说明这些学科本身包含的 CT2 研究主题相对比较集中。表 3-4 显示，WOS 分类中基尼系数较低的 10 个类目中，主要集中在生物、化学、医学相关学科或这些学科的交叉学科，而排名靠前的 10 个类目中，多数是人文社会科学。

表 3-3　ESI 各类目的基尼系数（基于 CT2）

序号	ESI 类目	基尼系数
1	SPACE SCIENCE	0.985 5
2	ECONOMICS & BUSINESS	0.947 8
3	MATHEMATICS	0.938 2
4	GEOSCIENCES	0.935 3
5	PSYCHIATRY/PSYCHOLOGY	0.922 7
6	MICROBIOLOGY	0.894 6
7	PLANT & ANIMAL SCIENCE	0.886 0
8	IMMUNOLOGY	0.885 2
9	AGRICULTURAL SCIENCES	0.870 6
10	NEUROSCIENCE & BEHAVIOR	0.870 3
11	COMPUTER SCIENCE	0.866 5
12	MATERIALS SCIENCE	0.861 5
13	PHYSICS	0.852 4
14	SOCIAL SCIENCES, GENERAL	0.838 2
15	ENVIRONMENT/ECOLOGY	0.830 1
16	MOLECULAR BIOLOGY & GENETICS	0.814 1
17	ENGINEERING	0.797 0
18	CHEMISTRY	0.781 2
19	PHARMACOLOGY & TOXICOLOGY	0.776 5
20	CLINICAL MEDICINE	0.751 0
21	BIOLOGY & BIOCHEMISTRY	0.713 2
22	Multidisciplinary	0.551 5

表 3-4 WOS 各类目的基尼系数（基于 CT2）

序号	WOS 类目（排名前 10 的类目）	基尼系数	序号	WOS 类目（排名后 10 的类目）	基尼系数
1	Literature, African, Australian, Canadian	0.9872	1	Multidisciplinary Sciences	0.5364
2	Poetry	0.9870	2	Biophysics	0.7288
3	Physics, Particles & Fields	0.9855	3	Biology	0.7355
4	Business, Finance	0.9843	4	Chemistry, Multidisciplinary	0.7455
5	Ornithology	0.9842	5	Chemistry, Analytical	0.7460
6	Classics	0.9840	6	Medicine, Research & Experimental	0.7558
7	Astronomy & Astrophysics	0.9827	7	Computer Science, Interdisciplinary Applications	0.7567
8	Logic	0.9822	8	Medicine, General & Internal	0.7626
9	Literature, American	0.9821	9	Biochemistry & Molecular Biology	0.7635
10	Paleontology	0.9819	10	Pharmacology & Pharmacy	0.7701

从图 3-4 和图 3-5 能直观看出 ESI 分类和 WOS 分类中不同类目在 CT2 分布上差异明显，学科集中度低的类目在 CT2 上分布广泛且相对均衡，学科集中度高的类目在 CT2 上分布很集中。ESI 中的生物和生物化学类目共涉及 CT2 中 305 个研究主题，其中发文累计百分比达到 80% 时共有 81 个研究主题，几乎涵盖了医学、化学、农业环境生态、电子工程、地球科学、数学、物理等所有自然科学门类。相比之下，ESI 的经济商业类目超过 50% 的文献都在经济学（6.1 Economic）和管理学（6.3 Management）两个 CT2 研究主题，发文累计百分比达到 80% 时只

涉及到 11 个研究主题。WOS 分类体系中学科集中度低的类目生物学和学科集中度高的类目商业财政也有类似的差异。由此可见，ESI 分类和 WOS 分类各类目包含的 CT2 存在较大差异，有的类目包含众多的 CT2 研究主题，而有的类目用 2~3 个 CT2 研究主题就能涵盖。

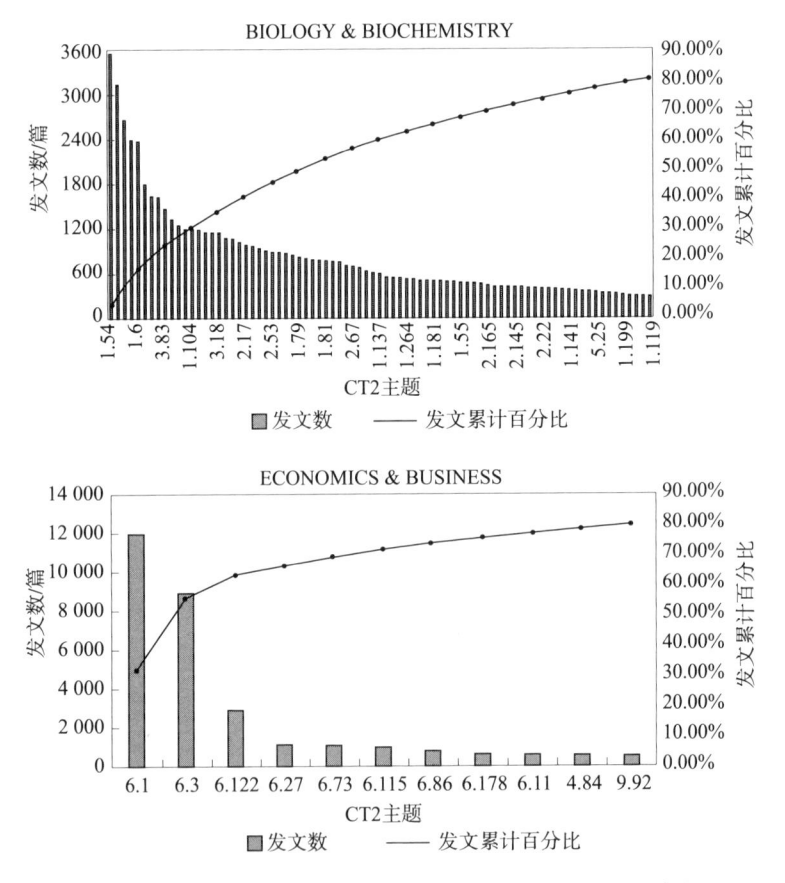

图 3-4　ESI 类目在 CT2 中的分布情况（横坐标是 CT2 的分类代码）

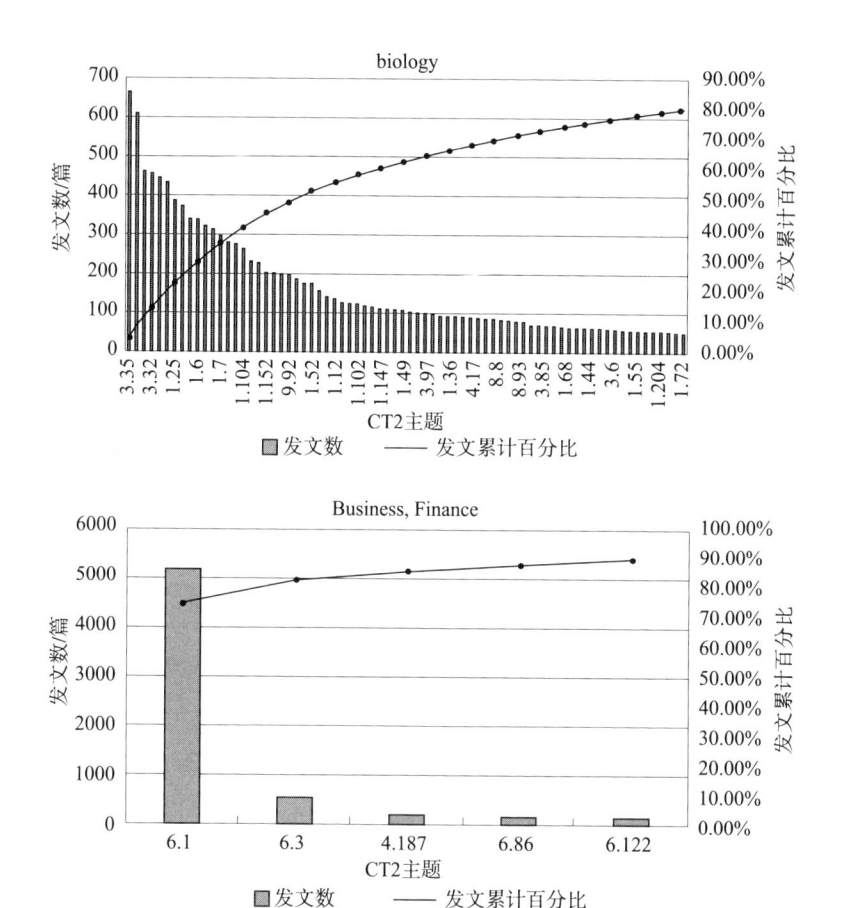

图 3 - 5　WOS 类目在 CT2 中的分布情况（横坐标是 CT2 的分类代码）

因此，通过基于 CT2 的 ESI 和 WOS 分类的集中度分析，可以看出 ESI 和 WOS 分类体系中哪些类目涵盖的 CT2 研究主题广泛且均衡，哪些类目涵盖的 CT2 类目相对集中。对于集中度低的学科领域，如生物、化学、医学等相关学科，使用不同的分类体系进行科学评价，尤其是在领域标准化过程中，结果可能存在较大差异，同时对于传统 ESI 分类和 WOS 分类，也可以考虑基于 CT2 对集中度低的学科进行类目的调整或细分。

3. 基于 ESI 和 WOS 分类的 CT2 研究主题广度

基于 ESI 和 WOS 分类的 CT2 各研究主题的基尼系数可以考察 CT2 各研究主题在 ESI 或 WOS 学科分类体系上的学科集中程度，即 CT2 研究主题包含了较多的 ESI 或 WOS 类目还是集中在少量的 ESI 或 WOS 类目。对于前者，表明 CT2 研究主题跨了多个 ESI 或 WOS 类目，可能属于交叉学科研究或跨学科研究；对于后者，表明 CT2 研究主题能够在 ESI 或 WOS 学科体系中找到比较匹配的类目。

从表3-5和表3-6可看出 CT2 各类目在 ESI 和 WOS 分类上的学科集中程度。两个表显示，CT2 中的数学（9.28 Pure Maths）、粒子物理（5.9 Particles & Fields）、应用统计和概率（9.50 Applied Statistics & Probability）三个主题基于 ESI 和 WOS 的基尼系数都是排名前三。表3-7列出了三个主题对应的发文累计百分比超过80%的 ESI 和 WOS 类目，由此可见，CT2 里三个主题在 ESI 分类体系中主要集中在数学和物理学中的一个学科，在 WOS 分类体系中也主要集中在数学和物理学领域的2~4个学科。在 ESI 分类和 WOS 分类两个学科体系下学科集中度高的 CT2 主题还有泛函分析（9.270 Functional Analysis）、天文学和天体物理学（5.20 Astronomy & Astrophysics）。由此可见，数学、物理里的部分学科在不同的学科体系下的分类结果比较相似，而且彼此能够找到比较匹配的类目。同时也可以看出，CT2 中的纯粹数学（9.28 Pure Maths）、粒子物理（5.9 Particles & Fields）、应用统计和概率（9.50 Applied Statistics & Probability）

三个主题都是对应于传统学科分类中的少量学科,并没有显示出明显的跨学科性。

表3-5 CT2各研究主题的基尼系数(基于ESI分类)

序号	CT2（排名前10的主题）	基尼系数	序号	CT2（排名后10的主题）	基尼系数
1	9.28 Pure Maths	0.938 1	1	4.289 Biophotonics & Electromagnetic Field Safety	0.550 9
2	5.9 Particles & Fields	0.931 5	2	1.42 Bacteriology	0.579 3
3	9.50 Applied Statistics & Probability	0.931 1	3	1.264 Longevity	0.595 6
4	2.1 Synthesis	0.915 3	4	1.228 Virology - Tropical Diseases	0.601 1
5	4.18 Power Systems & Electric Vehicles	0.913 9	5	6.317 Risk Assessment	0.631 5
6	7.12 Metallurgical Engineering	0.911 3	6	1.66 HIV	0.638 0
7	9.270 Functional Analysis	0.908 4	7	3.220 Smell & Taste Science	0.642 2
8	6.27 Political Science	0.907 6	8	1.184 Physiology & Metals	0.642 7
9	6.69 Language & Linguistics	0.907 4	9	1.104 Virology - General	0.652 6
10	5.20 Astronomy & Astrophysics	0.905 5	10	1.231 Vitamin Metabolism	0.653 3

表 3-6 CT2 各研究主题的基尼系数（基于 WOS 分类）

序号	CT2（排名前 10 的主题）	基尼系数	序号	CT2（排名后 10 的主题）	基尼系数
1	9.28 Pure Maths	0.986 4	1	1.155 Medical Ethics	0.783 9
2	5.9 Particles & Fields	0.982 4	2	6.317 Risk Assessment	0.807 1
3	9.50 Applied Statistics & Probability	0.978 7	3	10.240 Music	0.808 0
4	9.270 Functional Analysis	0.973 6	4	6.73 Social Psychology	0.811 0
5	4.293 Communication Protocols	0.972 2	5	6.321 Social Reform	0.813 7
6	5.20 Astronomy & Astrophysics	0.970 8	6	1.313 History of Medicine	0.817 3
7	8.305 Paleontology	0.970 2	7	4.289 Biophotonics & Electromagnetic Field Safety	0.821 5
8	2.298 Perovskite Solar Cells	0.966 4	8	6.238 Bibliometrics, Scientometrics & Research Integrity	0.824 9
9	5.30 Superconductor Science	0.966 0	9	6.316 Folklore & Humor	0.825 5
10	7.300 Asphalt	0.963 0	10	1.184 Physiology & Metals	0.829 1

基于 ESI 和 WOS 分类的 CT2 在学科集中度高的主题上有 5 个主题重合，在集中度低的主题上重合较少，只有两个主题，分别是生物光子学 & 电磁场安全（4.289 Biophotonics & Electromagnetic Field Safety）和风险评估（6.317 Risk Assessment）。究其原因，应该与 ESI 分类和 WOS 分类的类目数多少有关。ESI 类目很粗，只有 22 个，而 WOS 分类有 254 个，比 ESI 类目细了很多。

CT2 在 ESI 分类体系下学科集中度低的研究主题主要有两类：一类是跨传统学科的研究主题，即跨学科研究，如生物光子学&电磁场和安全风险评估；另一类是普通主题，但是在很多学科都会使用到，比如细菌学和普通病毒学。因此，通过计算CT2在传统学科分类体系下的学科集中度可以发现一些跨学科研究主题。

表3-7 CT2中三个研究主题主要集中的ESI和WOS类目

CT2	ESI	WOS
9.28 Pure Maths	Mathematics	Mathematics; Mathematics, Applied
5.9 Particles & Fields	PHYSICS	Physics, Particles & Fields; Astronomy & Astrophysics; Physics, Multidisciplinary; Physics, Nuclear
9.50 Applied Statistics & Probability	Mathematics	Mathematics; Mathematics, Applied; Statistics & Probability

4. 不同学科分类体系下类目间的关联——CT2研究主题的跨学科性

将CT2与ESI分类、WOS分类共有文献矩阵以图谱的方式展示出来（见图3-6），节点代表分类体系中的类目，节点的大小代表该类目的文献数，两个节点间的连线代表两个类目共有的文献数。图3-6不仅可以直观看到基于ESI分类和WOS分类的全学科图谱，还可以观察到不同学科分类体系下类目之间的关联关系，即传统的学科分类体系中各类目包含了哪些CT2研究主题，各类目之间通过哪些CT2研究主题联系起来。

ESI分类和WOS分类中的各类目通过CT2的研究主题联系起来，形成的图谱具有相似性：左上是社会科学，按顺时针方向，接下来是计算机科学、电子工程、物理学、物质科学、化学，左下方有医学和生物学，精神病学处于医学和社会科学之间，环境科学则位于图谱的中间位置。ESI 分类和 WOS 分类虽然粒度不同，但是通过 CT2 联系构建出的图谱具有很大的相似性，这与其他学者通过基于期刊或其他方式构建的全学科图谱也很相似[41,42]，同时也印证了很多研究得出的不同分类体系虽然有差异，但是构建的全学科图谱具有相似性的结论[7,109,110]。

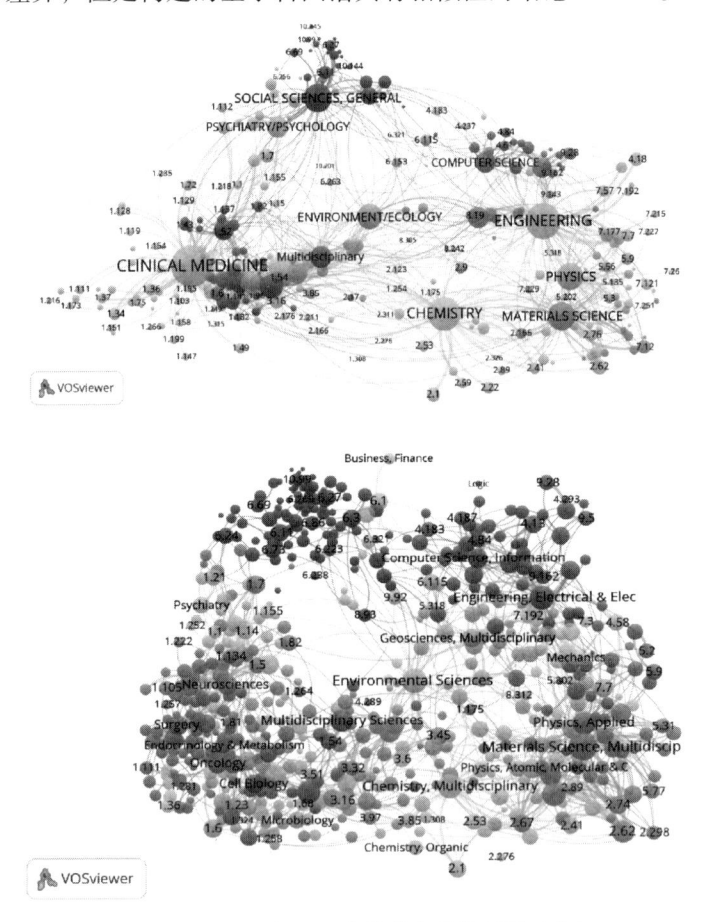

图 3-6　CT2 与 ESI 分类的文献共现图（上）和 CT2 与 WOS 分类的文献共现图（下）

ESI 分类和 WOS 分类都是人为构建的学科分类体系，随着科学研究越来越多的学科交叉，通过图 3-6 不仅可以直观看出传统的学科分类体系中各类目包含了哪些 CT2 研究主题，还可看出各类目之间通过哪些 CT2 研究主题联系起来。如 ESI 分类和 CT2 的网络图谱中，可持续发展（6.115）和气候变化（6.153）两个研究主题虽然聚类为环境/生态学类，但节点关系显示前者与社会科学、工程类目有联系，后者与社会科学、地球科学有联系，实际上这两个研究主题的确是近几年的研究热点，而且涉及多个传统的学科（如图 3-7 所示）。类似的还有农业政策（6.263），该研究主题介于社会科学、环境/生态学、农业科学之间，也属于交叉学科研究领域（如图 3-8 所示）。WOS 分类与 CT2 的网络图谱也有类似的发现，比如可持续发展（6.115）也是介于多个学科之间。

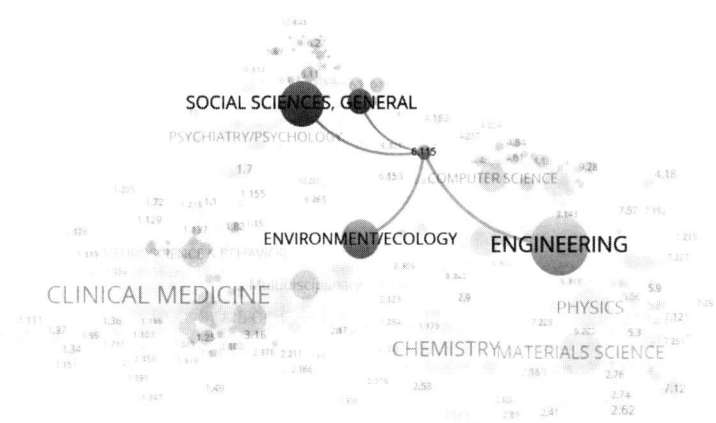

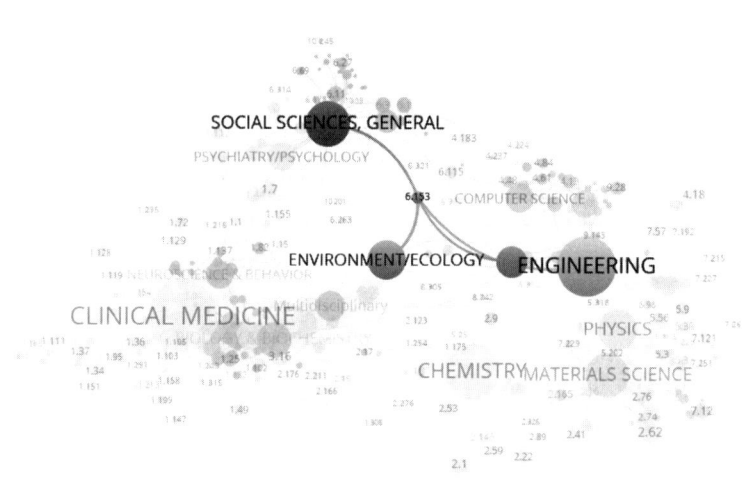

图 3-7 可持续发展 (6.115) 和气候变化 (6.153) 节点关系

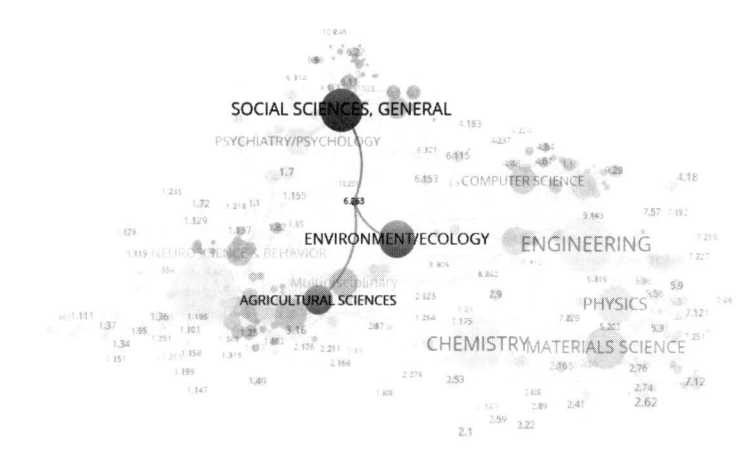

图 3-8 农业政策 (6.263) 节点关系

因此，通过图谱中 CT2 研究主题与传统学科分类的位置和关联关系也能直观观察到跨传统学科的一些 CT2 研究主题。这些新的研究领域在传统学科分类体系（尤其是 ESI 这种粗粒度的分类体系）下可能被划分到已有的学科类目，不能充分显示其跨学科特性，而在 CT2 中则能被及时捕捉，而且还能直观看出跨了哪些传统学科。

3.3.3 结论与讨论

1. 结论

通过 CT2 与 ESI 分类、WOS 分类的相似性比较、学科集中度分析、不同分类体系下类目间的关联关系，可以得到以下结论。

分类结果的相似性。整体来看，CT2 在数学、经济商业等学科与传统学科分类体系中的类目比较相似。具体而言，ESI 类目中临床医学、工程、生物/生物化学几个类目与 CT2 的类目相似性相对较低，而地球科学、数学、经济商业、物质科学等类目与 CT2 类目相似性相对较高。WOS 类目中物质科学综合、化学综合、应用物理、环境科学、微生物学/分子生物学等类目与 CT2 类目相似性相对较低，而数学、天文学与天体物理学、粒子物理、有机化学等类目与 CT2 类目相似性相对较高。

ESI 分类和 WOS 分类在 CT2 研究主题上的分布结果显示，不管是 ESI 分类，还是 WOS 分类，生物、医学、化学相关学科的学科集中度都较低，在这些学科里涵盖了众多的研究主题且分布相对均衡。ESI 分类中的空间科学、经济学、数学等学科的学科集中度高，WOS 分类中学科集中度高的多数是人文社会科学，这些类目用少量的 CT2 研究主题就能涵盖。

基于 ESI 和 WOS 分类的 CT2 研究主题广度显示，CT2 中的数学（9.28 Pure Maths）、粒子物理（5.9 Particles & Fields）和

应用统计和概率（9.50 Applied Statistics & Probability）三个主题基于 ESI 和 WOS 的基尼系数都是排名前三，也就是说这三个研究主题都是基于传统学科分类中的少量学科，并没有显示出明显的跨学科性，如 CT2 这三个主题在 ESI 分类体系中主要集中在数学和物理学中的一个学科，而在 WOS 分类体系中也主要集中在数学和物理学领域的 2~4 个学科。相反，CT2 里生物光子学 & 电磁场安全（4.289 Biophotonics & Electromagnetic Field Safety）和风险评估（6.317 Risk Assessment）两个研究主题学科集中度低，显示出较强的跨学科性。

图谱结果能够直观展示不同分类体系下类目间的关联关系，观察到一些跨传统学科的 CT2 研究主题，如气候变化、可持续发展等。

2. 讨论

学科集中度的差异提醒我们，对于集中度高的学科领域，如数学，使用不同的分类体系进行学科标准化，结果可能差异不是很大，而对于那些集中度低的学科领域，使用不同的分类体系进行科学评价，尤其是在学科标准化过程中，结果可能存在较大差异。同时对于传统 ESI 分类和 WOS 分类，可以考虑基于 CT2 对集中度低的学科进行类目的调整或细分。

与传统学科分类体系相比，CT2 可显示出跨传统学科的研究主题，即跨学科研究，能够反映传统学科知识之间的交叉与融合。

3.4 本章小结

本章通过与传统学科分类体系的比较，研究算法构建论文层次学科分类体系的自身特点和分类体系的类目特点。本章首先概述了传统的文献分类体系、国际/国家标准分类体系、学位教育分类体系、科学基金申请资助分类体系等。然后从编制/构建方法、层级结构和更新周期三个方面阐述了算法构建学科分类体系自身的特点，指出相对于传统学科分类体系，算法构建学科分类体系在客观展示知识、及时反映最新研究领域和学科交叉融合等方面具有独特优势，但也存在构建的学科分类体系不够系统严密等问题。最后从数据实证分析的角度选择 CT2 和 WOS、ESI 分类，将基于算法的论文层次学科分类的结果与基于传统期刊学科分类体系的分类结果进行比较，分析了整体分类结果的相似性，算法构建论文层次学科分类体系的类目特点，与传统学科分类体系类目的关系。整体来看，CT2 研究主题与 ESI 类目和 WOS 类目有一定相似性，但各学科差异比较大，数学、经济商业等研究主题与传统学科分类体系中的类目比较相似。基于 CT2 研究主题，可以发现 ESI 和 WOS 分类中的生物、医学、化学相关学科的学科集中度都较低，因此 CT2 可以帮助调整或细分这些类目。通过实证比较也发现 CT2 中有些研究主题与传统学科分类体系中的类目匹配度高，属于传统的研究领域，没有显示出明显的跨学科性，而有些研究主题则具有较强的跨学科性。因此，算法构建论文层次学科分类体系从知识间关联的视角提供了科学知识间的亲疏远近，有助于重新审视传统学科分类体系的类目，有助于发现跨传统学科的研究领域。

第 4 章　构建领域数据集中的应用

描述、分析或评价学科领域是科学计量学的重要研究内容，而前提就是搜索学科领域相关数据，构建领域数据集。传统构建领域数据集的方法有词汇搜索、期刊检索、学科/主题分类检索、引文分析等。随着算法构建论文层次学科分类体系的发展，该体系也逐渐被应用于搜索领域文献，构建领域数据集。与其他方法相比，这种方法有什么特点，有什么优势和不足，这些问题事关算法构建论文层次学科分类体系在描述、分析和评价学科领域中的应用，因此，本章从领域数据集构建方法出发，通过在具体案例中的应用深入考察其在构建领域数据集中的应用特点。

4.1　领域数据集及其构建方法

科学计量学研究中经常会对某个领域❶进行描述、分析或评价。例如，系统综述领域研究基础、发展现状、前沿热点等，通过工具可视化学科知识结构，分析或评价领域相关人员或机构。这些对领域的描述、分析和评价都需要从大量数据中找到与对象

---

❶　此处领域是一个宽泛概念，类似于前文中的"学科"概念，涵盖了学科、研究领域、研究主题等概念。

领域相关的数据，即搜索相关文献后才能构建该领域数据集。因此，构建领域数据集是领域相关研究的前提和基础，数据集的质量也直接影响到领域描述、分析和评价的准确性和可靠性。构建领域数据集一般都是通过科学文献数据库进行搜索的方式遴选数据。随着科学文献数据库的发展，既有收录文献原文的全文数据库，也有收录文献引用关系的引文数据库；既有涵盖全学科的综合数据库，也有涵盖部分学科或单一学科的专业数据库，这些都为遴选领域数据提供了多种检索途径。构建领域数据集的方法主要有词汇搜索、期刊检索、主题分类检索、引文分析等。

4.1.1　构建领域数据集的常用方法

词汇搜索。通过一组词语来查找文献是最常见的信息检索方式。第一种方式是核心词检索，通常会选择研究领域相关的一组关键词。但是核心词一般由专家确定，主观性较大，如检索结果可能倾向于专家熟悉的领域或方向。第二种方式是扩展词语检索。扩展词语检索是通过从核心出版物中系统抽取一组与目标领域或主题密切相关的关键词，以最大化地减少专家的参与。这些关键词根据其在核心出版物集合中的出现频次对其与目标领域的相关性进行排序。可以通过命中率、噪音率或者专家判断评估高频关键词，进而决定是否进入候选词语，随后再以候选词语进行检索。扩展词语检索虽然试图最大化降低专家的参与，但是最后扩展词语还是由人为确定，因此仍然存在主观性问题。词语检索简单、易用，检索结果取决于关键词的选择和专家输入的可靠性。同时，以静态词语来描述动态研究领域显然存在一些问题，如对于一些新兴、快速发展或者跨学科的领域，不管是通过核心词还是扩展词，词语检索结果可能都不能完全覆盖。

期刊搜索。很多研究领域都有专业期刊，通过专业期刊检索构建该领域数据集也是科学计量学界经常使用的方法。雷迭斯多夫（Leydesdorff）和周萍在2007年就提出一种方法，该方法从一组核心期刊开始，通过引用和网络分析，将核心期刊扩展到10个影响因子最高的相关期刊。通过期刊检索得到数据集对具体研究领域进行描述、分析和评价的研究有很多，如拉维库马尔（Ravikumar）等以 scientometrics 期刊为数据集描述了科学计量学的知识结构[111]，此处不再赘述。期刊检索方法简单，但是专业期刊可能只涵盖了目标领域的一小部分文献，黄灿等人的研究显示在纳米科学和技术领域，词语检索结果的文献量是专业期刊检索结果的5~10倍，基于有限期刊的分析不能提供可靠的分析结果，要更全面描绘领域、准确描述新兴领域的动态特征，需要更复杂的检索策略[112]。同时，对于某些新兴领域或者交叉领域，研究还分散于多个学科，还没有发展出来与之对应的专业期刊。

引文分析。科学文献之间的引用关系反映了科学交流活动，显示了科学文献之间、学科之间的内在关联关系，因此通过文献的参考文献和引证文献能够拓展目标领域数据来源。引文检索一般以种子文献为基础，通过种子文献的直接引用、文献耦合、共被引等引用关系找到与种子文献相关的文献，并通过调整阈值达到专业和覆盖范围间的平衡。陈超美和宋敏（Min song）以LBD领域为例，提出通过迭代引用来构建领域代表性学术出版物数据集的计算方法。该研究以一篇综述为种子文献，通过种子文献的参考文献、引证文献不断扩大检索范围，自动扩展初始数据集[113]。

与词语检索相比，引文检索较少依赖专家参与，但是最终数据集的大小由人为选择参数确定，仍然存在一定的主观性。同时最终的数据集更大，覆盖更全面，这也意味着可能存在更多的噪音数据。引文检索的前提是使用引文数据库，数据库中所有论文之间都有引用链接，在无法获取引文数据的情况下也就无法使用引文检索途径。

学科分类检索。文献数据库在建设过程中出于信息组织和检索的目的，都会对文献进行学科分类或主题分类，同一类下的文献都具有相关性，因此领域数据集也可以直接通过数据库提供的学科分类体系进行构建。例如，构建某领域中文数据集可以通过在知网输入中图分类号获取，如果是针对全球某领域，则可通过国际上著名数据库的期刊分类进行检索。学科分类检索操作起来相对简单，主要适用于学科体系性强、体系结构清晰的领域，如传统或成熟的单学科领域。而对于一些在这种分类体系中没有明确分类的领域或者跨学科领域，即使熟悉数据库的分类体系，也很难知道目标领域的具体归属，使用学科分类检索就存在困难。

混合方法。上述方法各有特点，黄灿也总结了几种常用方法的优缺点[112]，见表4-1。研究发现，可以结合每种方法的优点，混合使用，如词语和引文相结合。黄颖等以大数据研究为例，认为关键词组合和分类是检索科技领域的基础策略，基于引文分析的检索在识别研究群体和研究流动方面是有效的，研究领域的核心期刊可以帮助识别新兴科学和技术领域的研究出版物，开发了一个充分利用各种方法优点的检索框架：获取目标领域的核心词语，请求专家输入验证术语的相关性；从合并的关键词中根据TF-IDF值抽取前100个扩充到词语查询过程；使用"命中率"和"噪声率"确定术语与目标主题的相关性得到最终的查询术语；确定专业期刊；查询主题领域文献引用较多的参考文献[114]。夏皮拉（Shapira）等从一个关键词开始查询，通过不断扩充词语加入到词语检索，并结合专业期刊，检索合成生物学领域的文献[115]。王志楠等在构建纳米技术领域数据集的时候也采用了多种方法：核心词检索，扩展词语，考虑专业期刊，通过引文分析帮助扩展检索[116]。刘娜（Na Liu）等从使用核心关键词和专业期刊获取的人工智能基准记录开始，从这些基准记录的高频关键词中提取候选术语，并通过关键词共现、人工判断、"人工智能"主题类别来确定改进关键词[117]。

表4-1 不同检索策略的优缺点[112]

	核心词搜索	扩展词汇搜索	引文分析	专业期刊
特点	专家参与	从一组核心出版物开始搜索；从核心出版物中获取一组关键词，并根据关键词的词频和领域专业性对其进行排名；一个对关键词自动和迭代的过程	从基于词汇搜索的种子文献开始搜索；确定种子文献引用的核心文献，然后确定引用核心文献的文献；最终文献量的多少由研究者选择的引文分析参数决定	分析单位是期刊而不是出版物；核心期刊上的全部出版物都视为目标领域出版物
优点	易于实施	尽量减少专家参与；随着目标领域的发展，可以添加新的关键词，更新搜索策略	尽量减少专家参与；通过客观选择参数，研究者可以决定最终文献数据集的大小	易于实施
缺点	易存在专家专业领域偏见；难以使用静态关键词来测量动态领域	虽然根据关键词的频次和领域专业性从出版物中抽取，但是专业关键词的选择仍然由研究人员决定，并由专家进行验证	在大量出版物之间建立引用链接耗时长，实施难度大；有些地方还不能完全访问WOS数据库；定义核心文献集合最终文献集的参数由研究人员主观选择	在有限数量核心期刊上发表的文章可能只占目标领域文献总量的一小部分

4.1.2 领域数据集的质量评估与结果比较

1. 定量评价数据集

构建出目标领域数据集后，如何测度数据集质量？科学计量学界对此也有很多研究，一般都会使用信息检索领域经常用的"检全率"和"检准率"来定量评价查询结果的质量。❶ 检全率反映了数据集的覆盖范围，检准率反映了数据集的精准程度。有学者比较了三种描述领域知识的方法：通过数据库的学科分类检索、使用 CWTS 分类辅助检索、混合词语检索和引文分析的期刊检索三种不同的数据搜集方式得到期刊层次和论文层次目标领域的数据集，然后通过访谈专家评估数据，分别计算每种方法在期刊层面和论文层面的检准率和检全率并加以比较。研究结果证实，即使有专家验证结果，在定量和定性水平上，领域描述都是一个复杂的问题[75]。

2. 数据集基本情况比较

很多研究提出新的检索策略后，会将检索结果与其他检索结果的基本情况通过定量形式或可视化形式进行比较。黄颖等人构建出检索策略后，将检索结果与其他检索结果从得到的记录数、学科分类、文献类型、国家/机构分布等方面进行了比较[114]。王志楠提出一种 9 模块检索策略，相比 WOS 分类里的纳米科学技

---

❶ 传统意义上的检全率指检索输出相关文献的数量与文献空间中所有相关文献数量之比。但对于数据库的文献记录而言，无法完全精准确定文献空间中所有与分析目标领域主体相关文献的数据量，因此，构建领域数据集中的"检全率"不过是一个"相对"概念。

术类目,大大增强了检索能力,同时比较了各模块之间的重合度[116]。刘娜等人混合多种方式构建一种新的检索策略,并将检索结果与其他三种已有的检索策略得到的人工智能领域的数据集从结果的重合度等方面进行了比较[117]。不同的数据集可能会得到不同的分析结果,如使用不同的检索策略构建出目标领域数据集后,国家或机构在目标领域研究中的位置是否改变,分析结论是否有实质不同。黄灿等人深入比较了多种检索纳米技术的方法,发现多数词语检索结果对顶级纳米技术研究领域、顶级期刊和产出最多的国家和机构都有类似的排名,原因是这些词语检索策略都共享核心关键词[112]。

陈超美提出新的检索策略,并可视化比较了三种使用场景和相应检索策略构建的 5 个数据集:基于查询的词语搜索(一个数据集)、基于一篇开创性文章的前向引用扩展(两个数据集)和基于目标领域一位杰出专家最近发表的一篇综述的后向引用扩展(两个数据集)。可视化比较结果时,先用全部数据集的并集绘制出基准图谱,然后将不同数据集的图谱分别叠加在基准图谱上进行比较[113]。还有其他学者也用类似的方法以可视化图谱的形式比较了三种数据集[75]。

4.2　算法构建论文层次学科分类体系的应用

算法构建论文层次学科分类体系虽然本身为探索学科知识结构、学科标准化而研制,但在分类体系形成的过程中形成了对相关文献的自然分类,因此可以辅助构建领域数据集。算法构建论文层次学科分类体系可以基于文献之间的引用关系将有关联关系的文献聚在一起，因此将其应用于构建数据集本身就兼顾了引文分析和主题分类两种检索方式。

米拉内兹（Milanez）等人以纳米纤维素为例，探索一种使用 CWTS 分类来检索特定研究主题相关研究领域文献的程序：①确定目标主题初始文献集。可以通过关键词从 WOS 数据库中检索得到。②定位初始文献集在 CWTS 分类中的涉及的研究领域（可以使用 CWTS 分类中最细粒度的主题）。③对定位到的 CWTS 研究领域内容进行分析，清洗初始文献集。④使用清洗过的文献集再定位到 CWTS 分类中的研究领域。由于涉及的主题还很多，再使用二八原则选择最终与目标主题相关的研究领域[74]。整个流程见图 4-1。

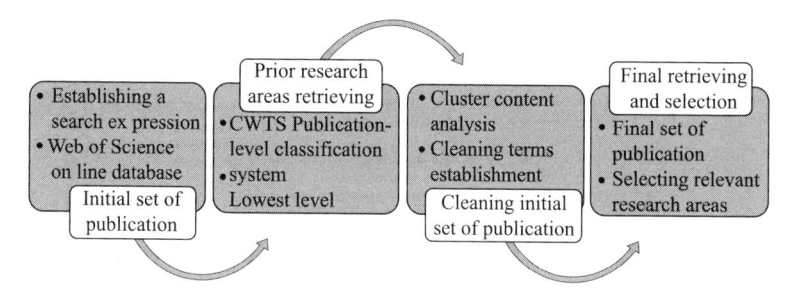

图 4-1　论文层次学科分类体系辅助构建领域数据集流程[14]

有研究在比较三种目标领域（纳米科学和纳米技术，NST）数据集构建方法时就包括使用 CWTS 分类构建数据集：先从数据库中检索到初始数据集，将初始数据集映射到 CWTS 分类的微观领域，计算每个领域与初始数据集的重合比例，选取重合比例高于一定阈值（60%）的微观领域视作与 NST 相关的领域[75]。

虽然科学计量学界已经开始尝试使用算法构建的论文层次的学科分类体系来搜索或辅助搜索领域相关数据，但是研究相对较少，对这种方法构建的数据集与其他方法构建的数据集的结果比较研究和数据集的质量评价研究还比较少。因此，要想充分发挥算法构建论文层次学科分类体系在构建数据集中的作用，必须通过比较充分了解这种方法的优势和不足。本章随后以科学计量学研究为例，考察算法构建论文层次学科分类体系在构建数据集中的优势和不足。

4.3　案例：基于 CT 与基于期刊构建数据集的比较——以科学计量学为例

本节以科学计量学研究为例，研究相比其他方法，基于论文层次学科分类体系构建数据集有什么优势和不足。本研究之所以选择以科学计量学为例，有以下原因：①科学计量学研究本身属于跨学科研究，在期刊数据库学科分类体系中还没有相应的分类；②论文层次学科分类体系 CT 中观层级和微观层次分别有相关的类目——文献计量学、科学计量学和科研诚信（6.238 Bibliometrics, Scientometrics & Research Integrity）及文献计量学（6.238.166 Bibliometrics），可以在这些类目基础上构建科学计量学数据集；③本研究作者专业是科学计量学，对科学计量学领域比较了解，有助于后续人工判断科学计量学文献。

4.3.1　科学计量学及其研究内容

科学计量学是应用数理统计和计算技术等数学方法对科学活动的投入（如科研人员、研究经费）、产出（如论文数量、被引数量）和过程（如信息传播、交流网络的形成）进行定量分析，从中找出科学活动规律性的一门分支学科。科学计量学试图通过定量方法寻找科学活动的内在规律或准规律，并为更有效地开展科研活动提供指导。从宏观上看，科学计量学的研究对象为科学，主要研究科学的定量方面，典型的科学计量学研究问题有：①科学研究的生产率问题；②科研资金投入的最优化；③通过科学计量学方法和指标预测学科发展趋势及确定资助重点；④通过科学计量学方法和指标识别科学的不同学科之间以至科学活动同技术活动之间的联系，从而为跨学科研究和理性的科技政策制定提供指导；⑤通过科技产出指标进行科研绩效评估；⑥描述科学活动规律和准规律的各种数学模型；⑦用科学计量学方法和指标研究科技人才和教育问题[18]。从微观角度来看，科学计量学的研究对象主要包括学术论文、专利文献和其他形式的科学信息。科学计量学的研究内容主要有：科学数量化；建立指标模型，揭示科学发展规律；科学计量学在科学管理、科学评价、科学决策中的应用。

科学计量学与文献计量学、信息计量学有着天然的联系，在研究对象和研究结构等方面有诸多交叉。由于科学活动的产出和交流的主要形式之一是科学文献，因此对这类文献进行的定量研究既是科学计量学研究，又是文献计量学研究。同理，用定量方法处理科学信息的产生、流行、传播和利用，则既是科学计量学研究，也属信息计量学研究。网络计量学和替代计量学则是为了弥补传统文献计量学和科学计量学在网络信息交流环境下的固有缺陷，加强对基于互联网和社交媒体中学术交流现象、特征和规律认识而提出的，是专门研究互联网和社交媒体中信息流动规律的计量方法体系，实质是信息计量学在网络环境下的应用。虽然这些计量学名称各异，但是其微观研究对象具有一定的重叠和交叉，只是各有侧重。国际科学计量学与信息计量学大会（ISSI）也把科学计量学和信息计量学并列在标题中。因此本研究中将科学计量学定义为广义的科学计量学，研究内容涵盖上述其他几个计量学。后续会在上述 7 个主要研究问题和研究内容基础上，结合文献计量学和信息计量学的研究内容来判断文章是否属于本研究中广义的科学计量学研究范畴。

4.3.2 现有构建科学计量学数据集方法

国内外对科学计量学定量描述分析的研究也有很多，科学计量学相关数据一般基于专业期刊或者词语搜索。刘则渊和侯海燕在 2005 年就对 *Scientometrics* 2002—2003 年发表的 175 篇论文的著者信息做了计量分析，从著者的地域分布、机构分布以及论文合著模式三方面，分析了国际科学计量学领域研究力量的分布状况[118]。拉维库马尔在可视化科学计量学知识结构时使用的也是 *Scientometrics* 期刊数据[111]。赵蓉英和魏明坤在可视化国内外科学计量学研究内容时，国内数据以"科学计量学"主题、篇名或关键词检索，国外数据以"Scientometrics"为主题词在 WOS 数据库进行检索[119]。杨思洛和邱均平在对国内外科学计量学研究进展与趋势分析中，国外数据使用了 *Journal of Informetrics*（*JOI*）和 *Scientometrics* 两个期刊，国内数据则使用主题检索[120]。杨思洛和王雨在分析改革开放以来中国科学计量学研究现状及发展趋势时，主要以五计学相关关键词构建检索式[121]。田沛霖等在揭示信息计量学研究的知识结构与发展态势时以 *Journal of Informetrics* 期刊为数据源[122]。由此可见，国内外对科学计量学领域进行描述分析时，构建数据集有以下方式：以国际或国外科学计量学为分析对象时，主要以专业期刊 *Scientometrics* 和

JOI 为主；以国内科学计量学为分析对象时，则以词语搜索为主。这是因为国际科学计量学界有专业期刊，利用这两个期刊来构建数据集方便快捷。科学计量学本身涵盖的研究内容很多，如果利用词语搜索，一方面需要构建复杂的检索式，另一方面检索结果可能有较多的噪音数据。虽然国际上以专业期刊数据为主，但是因为国内并没有科学计量学专业期刊，研究国内科学计量学领域时不得不借助词语搜索。当然除了这两种方式，还有其他方式，如通过重要的科学计量学国际会议论文集，邱均平等就从近 10 年 ISSI 会议论文看国际科学计量学与信息计量学的发展[123]。

本研究以国际科学计量学研究为目标领域，分别使用算法构建论文层次学科分类体系和专业期刊为检索方式构建领域数据集，探索和比较两种方法下的数据集的差异，定量评价两个数据集，进而考察算法构建论文层次学科分类体系在构建数据集中的优势和不足。

4.3.3 数据和方法

1. 构建数据集

根据上述已有构建科学计量学领域数据集的方法，在构建国际科学计量学研究领域数据集时，基于专业期刊是最常用的方法，因此本研究也选用专业期刊作为方法之一，同时使用算法构建的论文层次学科分类体系来构建数据集，本节使用的论文层次学科分类体系仍然是 CT。研究数据仍然来源于科睿唯安的 Incites 数据库。通过 Incites 平台也能检索到 WOS 收录期刊上的文章。因此，本节数据均来自 Incites 平台，数据出版年限定为 1980—

2021，文献类型限定为研究论文和综述，检索时间是 2022 年 8 月 10—15 日

方法 1：基于专业期刊 *Scientometrics* 和 *JOI*

Scientometrics 和 *JOI* 是具有科学计量学学科研究现状的两种代表性国际权威期刊。*Scientometrics* 创刊于 1978 年，主要发表有关科学学、科学交流和科学政策的定量研究成果，探讨科学计量学研究中各种重要的问题，描述科学计量学的各种方法，为国际上从事科学计量学研究的学者提供了一个学术交流的平台。*JOI* 创刊于 2007 年，发表高质量的关于信息科学定量研究的文章，从论文主题、刊物定位等方面来看，都与本研究中的科学计量学高度重合。基于两种期刊检索得到科学计量学文献 7184 篇（以下简称"数据集 D_1"）。

方法 2：基于 CT

本研究通过以下步骤确定 CT 中有关科学计量学的研究主题：将两个期刊上的文章映射到 CT2 和 CT3，统计在 CT2 和 CT3 上的主题分布情况；确定科学计量学文献集中的核心主题；判断分散的其他主题是否可以作为科学计量学主题；最终确定科学计量学主题。

两个期刊上的 7184 篇文章有 7130 篇文章能够映射到 CT2，有 80.70%（5756 篇）集中在文献计量学、科学计量学和科研诚信（6.238 Bibliometrics, Scientometrics & Research Integrity）主题，因此，在 CT2 级别，该主题是科学计量学的核心主题。但是该主题同时包含了文献计量学（6.238.166 Bibliometrics）、剽窃（6.238.1790 Plagiarism）和医学科学家（6.238.1700 Physician - Scientists）三个微观主题，还需要验证后两个主题是否可以作为科学计量学的核心主题。两个期刊在剽窃（6.238.1790 Plagiarism）和医学科学家（6.238.1700 Physician – Scientists）主题的发文数分别是 41 篇和 15 篇，但这两个主题的总发文数分别是 3629 篇和 4003 篇，期刊发文占两个主题的发文数比例分别是 1.13% 和 0.37%。因此剽窃（6.238.1790 Plagiarism）和医学科学家（6.238.1700 Physician – Scientists）两个主题不能视为科学计量学的核心主题。

接下来判断 CT3 中是否还有科学计量学的核心主题。将两个期刊上的文章映射到 CT3，共涉及 289 个主题。其中，79.94%（5700 篇）的文章集中在文献计量学（6.238.166 Bibliometrics）主题，另有 20.06%（1430 篇）的文章分散在其他 288 个主题。因此，可以判断文献计量学（6.238.166 Bibliometrics）是 CT3 中科学计量学的核心主题。对于其他分散的主题，根据两个期刊在该主题的发文数与该主题的总发文数的比例考虑是否将这些主题视为科学计量学主题。

表 4-2 列出了期刊文章映射到 CT3 主题的文章数（前 10 个）以及 WOS 数据库各主题的发文数。表 4-2 显示，除了 6.238.166 Bibliometrics，期刊在其他主题上的发文比例都低于 2%，如果将其他分散的主题视为科学计量学主题势必会带来大量噪音数据。因此，本研究最终确定 CT3 中的文献计量学（6.238.166 Bibliometrics）为科学计量学主题，以此来构建 CT 分类体系下的科学计量学数据集。基于文献计量学（6.238.166 Bibliometrics）得到科学计量学文献 29698 篇（以下简称"数据集 D_{CT}"）。

表4-2 期刊各主题（Top10）发文数及占各主题发文比例

CT3	期刊发文数	WOS 发文数	比例
6.238.166 Bibliometrics	5700	29 698	19.19%
6.3.2 Knowledge Management	173	70 101	0.25%
6.3.1467 Academic Entrepreneurship	146	7788	1.87%
6.294.1807 Foresight	85	5582	1.52%
4.48.120 Complex Networks	80	35 058	0.23%
6.10.502 Data Envelopment Analysis	51	25 904	0.20%
6.238.1790 Plagiarism	41	3629	1.13%
1.155.611 Evidence Based Medicine	38	25 328	0.15%
4.48.672 Natural Language Processing	37	15 820	0.23%
4.48.2210 Entity Resolution	36	2950	1.22%

2. 定量评价数据集

检准率和检全率是传统信息检索中常用的两个定量评价检索结果的指标。信息检索中传统意义上的检全率是指检索输出相关文献的数量与文献空间中所有相关文献数量之比。但对于数据库的文献记录而言，无法完全精准确定文献空间中所有与分析目标领域主体相关文献的数据量，因此，构建领域数据集中的"检全率"不过是一个"相对"概念。考虑到构建数据集的特殊性，本研究以"重要文献检到率"指标来考察两个数据集对一批确定的科学计量学文献的覆盖程度。本研究所用定量评价指标见表4-3。

表 4 – 3　定量评价数据集指标

评价指标	评价维度	定义	备注
检准率	检索到的文献是否属于目标领域的研究内容	属于目标领域文献的数量与检索到的相关文献数量之比	本研究中假定期刊上的文章都是科学计量学文献
检全率	检索到的文献是否涵盖了所有目标领域的文献	检索输出相关文献的数量与文献空间中所有相关文献数量之比	本研究以两个数据集的并集为相对完整数据集
重要文献检到率	是否检索到了目标领域的重要文献	对于一批重要的科学计量学文献，检索到的文献数与这批重要文献数的比例	以两种重要文献为例：特定主题综述的参考文献和高被引文献

检准率。检准率反映的是数据集里的数据是否是科学计量学的研究范畴。对于两个专业期刊上的文章，本研究首先假定其都是科学计量学文章，因此，方法 1 的检准率就是 100%。对于方法 2，D_{CT} 数据由两部分组成：与 D_J 重合的数据和不在 D_J 中的数据。根据前面假设，D_J 的检准率是 100%，则 D_{CT} 数据的检准率主要由不在 D_J 中的数据所决定。因此，我们从 D_{CT} 但不在 D_J 中的数据中抽取一批文献，通过人工判断这些文章是否属于科学计量学研究范畴，进而计算 D_{CT} 的检准率。

检全率。本研究将检全率定义为一个相对概念，考察两个数据集在相对完整数据全集下的覆盖程度，是对科学计量学文献整体的检全能力，反映的是构建的数据集是否尽可能多地涵盖了数据库中科学计量学文献。本研究以 D_J 和 D_{CT} 的并集为相对完整的数据全集，计算两个数据集的检全率。随后重点分析 D_{CT} 漏检的数据情况。

重要文献的检到率。某个领域重要的文献可以有多种定义形式，如高被引文献、颠覆性文献、网络中心性高的文献等。本研究用两种方法确定一批重要文献：综述文章的参考文献和两个数据集中的高被引文献。综述是针对某一主题在一定时间内，对大量原始研究论文中的数据、资料和主要观点进行归纳整理、分析提炼而写成的论文，在科学文献中发挥了特殊作用，综述文章往往汇集了某主题发展历程中重要的研究成果。因此，以综述的参考文献可以考察两种方法对某个主题发展过程中重要文献的检到能力。引文影响力指标是科学计量学界一贯的研究重点，H 指数自 2005 年提出后，也一直备受科学计量学界的关注。本研究选取两篇综述，分别是 A review of the literature on citation impact indicators 和 A review on h – index and its alternative indices，计算两种方法对引文影响力指标和 H 指数相关研究重要文献的检到率。总被引频次反映了文献的学术影响力，因此，可以将高被引文献视为具有重要学术影响力的研究成果，以高被引文献来考察两种方法对重要学术影响力文献的识别能力。本研究分别选取两个数据集中 Top50 高被引文章，分别计算方法 2 识别专业期刊中高被引文章的能力和方法 1 识别 CT 文献计量学（6.238.166 Bibliometrics）主题中高被引文章的能力。

4.3.4　研究结果

1. 数据集基本情况

基于两种方法得到的数据集的基本情况见表 4 – 4。1980—2021 年，两个期刊共计发了 7184 篇文献类型为研究论文和综述的文章，而通过 CT3 中文献计量学（6.238.166 Bibliometrics）

则检索到 29 698 篇文章。后者文献数量远远高于前者，是前者数量的 4 倍多。两个数据集的年代分布见图 4-2，D_J 自 2006 年文献数缓慢提高，而 D_{CT} 数量自 2004 年就大幅提升。两个数据集中的重合文献有 5700 篇（以 $D_{overlap}$ 表示重合文献数据集），占两个数据集的比例分别是 79.34% 和 19.19%。也就是说，两个期刊上的文章有将近 80% 的文章都能通过文献计量学（6.238.166 Bibliometrics）主题检索到，其他约 20% 的文章没有入 CT 具体类目或者分配到了其他主题；❶ 文献计量学（6.238.166 Bibliometrics）主题中的文章有将近 20% 来自两个专业期刊，其他约 80% 的文章来自其他期刊。

从表 4-4 可看出两个数据集在 WOS 分类和 CT 分类中的不同。D_J 数据集在 WOS 分类中分布在计算机科学-跨学科应用（COMPUTER SCIENCE, INTERDISCIPLINARY APPLICATIONS）和信息科学与图书馆学（INFORMATION SCIENCE & LIBRARY SCIENCE）两个学科，是因为论文所在的两个期刊同属这两个类。D_{CT} 数据集的 WOS 分类首先可看出基于文献计量学（6.238.166 Bibliometrics）主题检索到的文献在传统 WOS 学科分类体系下的分布情况，由此可见传统图书情报学科仍然是开展科学计量学研究的重要领域，其次是计算机跨学科应用。两个期刊上的发文在 CT 三个层级上的分布：在 CT 宏观层级（CT1），大部分都集中社会科学领域，但也有少部分分散在计算机、电子工程领域和医学等领域；在 CT 中观层级（CT2），超过 80% 的文献

---

❶ 由于 CT 分类是通过文献之间的引用关系构建，有些没有参考文献或者被引较少的文章可能就没能入到具体类目。两个期刊上 7184 篇文章中有 7130 篇文章入到了 CT 中的某个类，还有 54 篇文章未入类。

都集中在文献计量学、科学计量学和科研诚信（6.238 Bibliometrics, Scientometrics & Research Integrity）主题，但在管理学、知识表示和工程、经济学、运筹学和管理科学，以及医学伦理等领域也有分布；在 CT 微观层级（CT3），将近80%都集中在文献计量学（6.238.166 Bibliometrics）主题，但是在知识管理、学术创业、预见、复杂网络、数据包络分析等主题也有分布。

D_{CT}数据分散在4975个期刊上，其中表4-4列出了部分重要期刊，*Scientometrics* 期刊发文占比最高（16.11%），排名第二的并不是 JOI（3.09%），而是 JASIST（4.12%），这跟 *JASIST* 创刊时间长，而 *JOI* 创刊时间短有关系。*Scientometrics*、*JASIST* 和 *JOI* 三个期刊累积占比也只有23.31%，因此，基于文献计量学（6.238.166 Bibliometrics）检索到的科学计量学数据分散在 Scientometrics 和 JOI 这两个专业期刊之外的其他大量期刊上。

表4-4 数据集基本情况

	基于期刊（D_J）	基于 CT6.238.166 Bibliometrics（D_{CT}）
文献数	7184	29 698
WOS 分类	Computer Science, Interdisciplinary Applications（100.00%） Information Science & Library Science（100.00%）	Information Science & Library Science（13406, 45.14%） Computer Science, Interdisciplinary Applications（5923, 19.94%） Computer Science, Information Systems（3105, 10.46%） Education & Educational Research（1346, 4.53%） Management（1338, 4.51%）

续表

	基于期刊（D_J）	基于 CT6.238.166 Bibliometrics（D_{CT}）
CT1	Social Sciences（6525，91.50%） Electrical Engineering, Electronics & Computer Science（301，4.20%） Clinical & Life Sciences（172，2.40%）	Social Sciences（29 698，100.00%）
CT2	6.238 Bibliometrics, Scientometrics & Research Integrity（5756，80.70%） 6.3 Management（363，5.10%） 4.48 Knowledge Engineering & Representation（224，3.10%） 6.10 Economics（88，1.20%） 6.294 Operations Research & Management Science（88，1.20%） 1.155 Medical Ethics（69，1.00%）	6.238 Bibliometrics, Scientometrics & Research Integrity（29 698，100.00%）
CT3	6.238.166 Bibliometrics（5700，79.90%） 6.3.2 Knowledge Management（173，2.40%） 6.3.1467 Academic Entrepreneurship（146，2.00%） 6.294.1807 Foresight（85，1.20%） 4.48.120 Complex Networks（80，1.10%） 6.10.502 Data Envelopment Analysis（51，0.70%）	6.238.166 Bibliometrics（29 698，100.00%）

续表

	基于期刊（D_J）	基于 CT6.238.166 Bibliometrics（D_CT）
主要期刊	*Scientometrics*（6131，85.34%） *JOI*（1053，14.66%）	*Scientometrics*（4783，16.11%） *JASIST**（1223，4.12%） *JOI*（917，3.09%） Current Contents（543，1.83%） Plos One（465，1.57%） Learned Publishing（447，1.51%） Research Evaluation（383，1.29%） Research Policy（288，0.97%） Journal Of Information Science（286，0.96%）

* JASIST 是期刊 *Journal Of The Association For Information Science And Technology* 的缩写，由于该刊更名过两次，此处 jasist 包括 journal Of The American Society JP2」For Information Science 和 journal Of The American Society For Information Science And Technology。

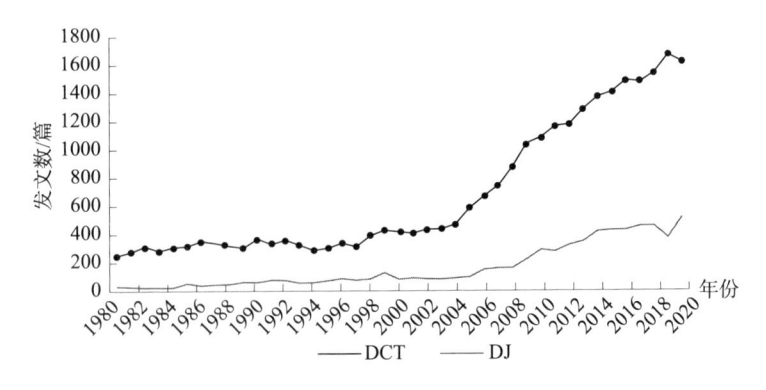

图 4-2　两个数据集的年代分布

2. 检准率

假设方法 1 中两个期刊上的文章都是科学计量学文章，D_J 的检准率就是 100%。方法 2 中的文献数是 29 698 篇，其中与 D_J 重合的文献是 5700 篇，未在 D_J 中的文献有 23 998 篇。因此重点考察未在 D_J 中的文献是否属于科学计量学的研究范畴。由于文献量很大，无法人工一一判断，本研究计划抽取 100 篇左右的文章通过人工判断文献内容是否属于科学计量学研究范畴来计算样本的检准率，再与重合文献整合计算 D_{CT} 的检准率，步骤如下：

① 抽取样本。23 998 篇文章按照被引频次降序排列，从 1 开始对文章进行编号，抽取编号为 200 整数倍的文章，最后得到 119 篇样本文章。

② 人工判断。通过文章的标题、关键词和摘要，根据前述科学计量学的主要研究问题和内容，人工判断是否属于科学计量学研究内容，最后判断 119 篇文章中有 100 篇文章属于科学计量学（119 篇文章的人工判断结果见附录 1）。

③ 样本检准率。$P_s = 100/119 = 84.03\%$。

④ D_{CT} 检准率。$PD_{CT} = (P_s \times (D_{CT}\,notD_J) + D_{overlap})/D_{CT} = 87.10\%$。

因此，相对于方法 1 中 100% 的检准率，方法 2 的检准率约 87%。也就是说基于方法 2 得到的科学计量学文献约为 2.6 万篇，数量仍然远远高于方法 1。随后对 100 篇科学计量学文章根据其研究内容进行归类，主要有以下这些方面：科学计量模型/定律研究，如科学计量分布模型、布拉德福定律的实证检验、洛特卡定律、期刊生产力分布；引文分析与科学评价，如自引、引文网络的主路径分析、引文实践、利用引文分析寻找核心期刊、科学评价中的正负引文；科学合作研究，如跨学科合作、国际合作、合作模式、合作的本质；科学计量指标研究，如影响因子的影响因素分析、H 指数、使用数据来预测引文；学术期刊出版，如出版模式和实践、掠夺性出版、开放获取；学术数据库与科学数据；Altermetrics，如社交媒体信用度的定量评价；科学活动与科学交流，如社交媒体下的科学交流、科学活动规律；其他研究，如性别研究、科学史等；以上这些都是科学计量学的主流研究内容。除此之外，100 篇文献还包括以下研究内容：科学计量学在特定领域的应用，如通过多年文献数据综述学科发展、描述学科结构；其他学科领域的方法在科学计量学中的应用，如社会网络分析。

对于 19 篇不是科学计量学研究范畴的文献，本研究试图通过标题、摘要、引用等信息查找 CT 将其归入文献计量学（6.238.166 Bibliometrics）的原因。首先，从被引情况来看，19 篇文献中低被引文献占了多数，其中零被引的有 9 篇，被引频次为 1 的有 5 篇。其次，从引用的参考文献来看，多数的参考文献都没有被 Web of Science 收录。由此可见，CT 分类体系的构建原理决定了论文之间的引用关系对于论文的具体入类有很大影响，对于那些引用了很多数据库之外的文献，同时自身被引又较少的文献，其在 CT 中的入类很可能不准确，进而影响利用 CT 构建领域数据集的检准率。

3. 检全率

本研究将两种方法的并集作为相对完整的科学计量学数据集。D_J 是 7184，D_{CT} 是 29 698，$D_{overlap}$ 是 5700，因此两个数据集的并集 D 是 31 182。D_J 的检全率 R_{DJ} 是 23.04%，D_{CT} 的检全率

R_{DCT} 是 95.24%。由此可见，D_{CT} 的检全率是 D_J 的 4 倍多，这与两个数据集量的大小密切相关。

对于方法 2，对其没有检索到的期刊文章进一步分析。研究发现，共有 54 篇文章没有入到 CT 类中，52 篇是 0 被引。这也说明使用引用关系对文章进行分类时，0 被引的文章更有可能不被归入具体类目。对于没有入文献计量学（6.238.166 Bibliometrics）主题而入了其他主题的 1430 篇文章，人工判断其主题特征，大致可以分为三类：科学计量学相关主题、科学计量学在特定领域的应用和科学计量学研究中使用的其他学科领域方法。各类涵盖的主题以及归入的 CT3 主题详见表 4-5。第一类主题多数属于传统的管理学研究范畴，与科学计量学有一定的交叉，但是随着科学计量学的发展，以及与传统管理学中的交叉融合，两个期刊上也涵盖此类主题文章，抄袭、剽窃等科研诚信主题近几年也备受科学计量学界的关注。第二类科学计量学在特定领域的应用方面的文章入到特定领域也是很正常的。第三类是科学计量学研究中使用其他学科领域的方法，尤其是近几年随着自然语言处理、复杂网络等技术的发展，科学计量学研究越来越多地使用这些来自其他学科领域的技术和方法进行文本处理、社团划分等。科学计量学界也会使用数据包络分析研究机构的科研投入产出等。对于第一类和第三类主题，因为 CT3 有相应细粒度的主题，这两类主题文章就归入相应主题中。

表4-5　未入文献计量学（6.238.166 Bibliometrics）的
文章主题特征分析

	主题	归入的 CT3 主题
科学计量学相关主题	创新，专利分析	6.3.2 Knowledge Management
	技术预见、预测，技术演化路径，技术领域分析	6.294.1807 Foresight
	产学研相关	6.3.1467 Academic Entrepreneurship
	剽窃、科研诚信	6.238.1790 Plagiarism
科学计量学在特定领域的应用		入特定领域
科学计量学研究中使用的其他学科领域的方法	数据包络分析	6.10.502 Data Envelopment Analysis
	复杂网络（社团划分、网络生成）	4.48.120 Complex Networks
	自然语言处理	4.48.672 Natural Language Processing

4. 重要文献的检到率

A review of the literature on citation impact indicators 是沃尔特曼（Waltman）于2016年发表在 *JOI* 上的一篇文章，该文对引文影响力指标进行了深入综述，参考了342篇文献[124]。*A review on h-index and its alternative indices* 是由比哈里（Bihari）等人于2021年发表在 *Journal Of Information Science* 上的一篇文章，该文综述了H指数及其替代指数，共计有151篇参考文献[125]。首先，检索出两篇综述的参考文献被WOS收录的文献，然后人工判断属于科学计量学研究范畴的文献数，再分别与两种方法得到的数据集进行匹配，最后计算出两种方法对重要文献的检到率（见表4-6）。结果显示，方法2对于引文影响力指标和H指数两个主题领域重要文献的检到率都高于方法 1，基本能全部检到，而方法 1 只能检约 2/3 的文献。

表 4-6 重要文献（综述文献）的检到率

文献	参考文献数/篇	WOS 收录的文献数/篇	科学计量学文献数/篇	D_J 中的文献数/篇	方法 1 的检到率/%	D_{CT} 中的文献数/篇	方法 2 的检到率/%
A review of the literature on citation impact indicators	342	299	298	190	63.76	297	99.66
A review on h-index and its alternative indices	151	112	112	69	62.00	112	100.00

注：此处指 Incites 数据库中的文献数量，年限为 1980—2021，文献类型为 Article 和 Review。

对 D_J 和 D_{CT} 两个数据集中的文献按照被引频次选取 Top50 高被引文章，分别考察方法 2 和方法 1 对 Top50 高被引文章的检到情况，结果见表 4-7。结果显示，D_J 数据集中 Top50 高被引文章里仅有 4 篇没有在 D_{CT} 数据集中，也就是说，对于期刊上的前 50 篇高被引文章，方法 2 能检索到 46 篇（见附录 2）。因此，方法 2 对于期刊中的高被引文章的检到率是 92%。同时我们也发现，对于方法 2 没有检到的 4 篇文章，其主题特征与 5.3.4.3 节的分析结果是一致的：第 1 和第 2 两篇文章都是科学计量学在特定领域的应用，CT 分类体系将其归入应用的学科领域；第 3 篇文章有关专利统计，CT 分类体系将其归入知识管理主题；第 4 篇文章是语义分析，CT 分类体系将其归入自然语言处理主题

(见表 4 -8)。

表 4 -7　重要文献（Top50 高被引）的检到率

	方法 1 检到的文献数/篇	方法 1 的检到率/%	方法 2 检到的文献数/篇	方法 2 的检到率/%
D_J 中 Top50 高被引文章	—	—	46	92%
D_{CT} 中 Top50 高被引文章	8	16	—	—

表 4 -8　期刊 Top50 高被引文章中方法 2 没有检到的文章

标题	作者	来源	被引频次	CT3
Citation review of Lagergren kinetic rate equation on adsorption reactions	Ho, YS	Scientometrics	1260	2.90.27 Adsorption
Negative results are disappearing from most disciplines and countries	Fanelli, Daniele	Scientometrics	513	1.155.611 Evidence Based Medicine
PATENT STATISTICS AS INDICATORS OF INNOVATIVE ACTIVITIES – POSSIBILITIES AND PROBLEMS	Pavitt, K	Scientometrics	304	6.3.2 Knowledge Management
Sentiment analysis: A combined approach	Prabowo, Rudy; Thelwall, Mike	Journal Of Informetrics	286	4.48.672 Natural Language Processing

D_{CT}数据集中 Top50 高被引文章里仅有 8 篇在 D_J 数据集中，也就是说，对于文献计量学（6.238.166 Bibliometrics）主题中的高被引文章，方法 1 只能检到 8 篇，检到率仅为 16%，其他 42 篇文章分散在其他期刊上（见附录 3）。对 D_{CT} 数据集中的 50 篇高被引文章所在的期刊分成三类：图情学科期刊、其他学科期刊和综合性期刊，高被引文章在这些期刊上的分布见表 4-9。

表 4-9 显示，文献计量学（6.238.166 Bibliometrics）主题中的高被引文章，图情学科期刊最多，有 24 篇，但是还有其他 26 篇文章分散在其他学科期刊和综合期刊上。图情学科期刊中最多的是 JASIST，共有 12 篇，该期刊刊发过很多科学计量学领域的经典文献，如怀特（White）和格里菲斯（Griffith）在 1981 年提出作者共被引方法的文章就刊发在此刊。综合期刊中的美国国家科学院院刊（*PROCEEDINGS OF THE NATIONAL ACADEMY OF SCIENCES OF THE UNITED STATES OF AMERICA*，PANS）和 *Science* 分别有 5 篇和 4 篇科学计量学高被引文章，这两个期刊虽然在文献计量学（6.238.166 Bibliometrics）主题的发文总数不多，但是在高被引文章里具有较高的显示度。其他学科期刊中 RESEARCH POLICY 上的高被引文章较多。

表 4-9 文献计量学（6.238.166 Bibliometrics）
主题中 Top50 高被引文章的期刊分布

期刊分类	期刊	发文数	
综合	Proceedings Of The National Academy Of Sciences Of The United States Of America	5	12
	Science	4	
	Nature	1	
	Plos One	1	
	Journal Of The Royal Society Interface	1	

续表

期刊分类	期刊	发文数	
图情	Jasist	12	24
	Scientometrics	5	
	Journal Of Informetrics	3	
	Journal Of Information Science	1	
	Annual Review Of Information Science And Technology	1	
	Journal Of Documentation	1	
	Social Science Information Sur Les Sciences Sociales	1	
其他学科	Research Policy	3	14
	Faseb Journal	1	
	British Medical Journal	1	
	Social Studies Of Science	1	
	Organizational Research Methods	1	
	International Journal Of Clinical And Health Psychology	1	
	Isis	1	
	Strategic Management Journal	1	
	Technological Forecasting And Social Change	1	
	Behavioral And Brain Sciences	1	
	Clinical And Investigative Medicine	1	
	American Sociological Review	1	

综上所述，对于科学计量学领域的重要文献，方法2的检到率都远远高于方法1，方法2可以检到 *Scientometrics* 和 *JOI* 之外其他图情期刊，以及其他学科和综合性期刊上的一些重要或经典文献。

4.3.5 结论和讨论

1. 结论

本研究以国际科学计量学研究为目标领域，分别使用专业期刊 Scientometrics 和 JOI，以及算法构建的论文层次学科分类体系［此处使用 CT3 中的文献计量学（6.238.166 Bibliometrics）］构建科学计量学领域数据集，对两个数据集的基本情况进行比较后，从检准率和检全率个方面对两种方法得到的数据集进行了定量比较和评价。

从数量上来看，基于 CT 得到的数据集（D_{CT}）是基于专业期刊的数据集（D_J）的 4 倍多。两个数据集重合文献有 5700 篇，占两个数据集的比例分别是 19.19% 和 79.34%。这表明，两个期刊上的文章有将近 80% 都能通过文献计量学（6.238.166 Bibliometrics）主题检索到，但还有其他约 20% 的文章没有入 CT 具体类目或者分配到了其他主题。而文献计量学（6.238.166 Bibliometrics）主题的文章只有不到 20% 刊发在 Scientometrics 和 JOI 两个专业期刊，超过 80% 的文章刊发在其他大量期刊上。

从检准率上来看，在假定两个专业期刊上的文章都是科学计量学文章的前提下，通过抽取 119 篇样本文章，人工判断的方式得到基于 CT 的检准率约是 87%。对于样本中不是科学计量学的文章，进一步分析发现，这些论文中多数引用了很多 WOS 数据库之外的文献，同时自身被引又较少，从而影响其在 CT 中的入类。同时也发现，119 篇文章中有多篇是科学计量学在特定学科领域的应用，如 Half a century of computer methods and programs in biomedicine: A bibliometric analysis from 1970 to 2017, The language *of medicine in Switzerland from* 1920 *to* 1995。

从检全率上来看,以两种方法得到的数据集的并集为相对完整数据集,基于期刊的检全率只有 23.04%,基于 CT 的检全率是 95.24%。这与两个数据集量的大小密切相关,因为基于 CT 得到的数据集量本身就比基于期刊大很多。但是,从基于 CT 的检全率和两个数据集的重合文献占两个数据集的比例可以看出,基于 CT 漏检了部分专业期刊上的文章。对于 CT 漏检的期刊文献进行主题特征判断,大致可分为三类:科学计量学相关主题(如专利分析、技术预见、产学研、科研诚信)、科学计量学在特定领域的应用和科学计量学研究中使用的其他学科领域方法(如复杂网络和自然语言处理)。

从重要文献检到率上来看,对于选取的引文影响力指标和 H 指数两篇综述的参考文献,基于期刊检索能够得到约 2/3 的文章,基于 CT 则几乎都能够得到所有的文章。由此可见,对于科学计量学领域某一主题发展历程中的重要文献,基于 CT 能够很好地检到。对于发表在期刊上的高被引文章(Top50),基于 CT 能够检到 46 篇,没有检到的 4 篇则被归入了应用的学科领域或相关的主题。CT 中的高被引文章(Top50),很多都是科学计量学领域的经典文献,分散在众多期刊上,如果基于两种期刊检索只能得到 8 篇,检全率仅为 16%。因此,不管特定主题领域重要文献,还是高被引文章,基于 CT 对这些文献的检全率都远远高于基于期刊,而且还可以检到很多专业期刊之外其他期刊上的一些重要或经典文献。

2. 讨论

通过前面的比较,可以发现基于 CT 构建科学计量学领域数据集的一些优势和可能存在的问题。基于 CT 的检全率高，检索到的文章多，能够涵盖学科领域绝大多数的文章，而且能够检索到许多非本学科领域专业期刊或者综合性期刊上的文章。基于 CT 的检准率虽然不能达到 100%，但也具有很高的检准率。基于 CT 能够很好地检索到学科领域的重要文献。因此可以说，基于 CT 构建科学计量学数据集是基本可靠的。

但是也应该看到，基于 CT 构建数据集中存在的一些问题，这些问题的本质是 CT 分类体系本身的问题。因为基于论文之间的引用关系，CT 的构建原理也就决定了其先天不足：如果论文引用的参考文献不在数据库中，自身 0 被引或被引较少，则该文在 CT 分类体系中可能不被入类或者入类不准确。同时研究也发现 CT 存在对文章分类不一致的问题，如科学计量学在特定学科领域的应用研究，抽取的 119 篇文献计量学（6.238.166 Bibliometrics）主题中有此类文章，基于 CT 漏检的期刊文章中也有。也就是说，对于这类科学计量学在特定领域应用的文章，CT 分类体系中有的归入了特定学科领域，有的归入了科学计量学领域。使用论文层次学科分类体系构建数据集相对比较复杂，可能需要多次迭代才能完成，如米拉内兹等构建流程。虽然本研究中最后直接使用了文献计量学（6.238.166 Bibliometrics）主题，但也经历了一个确定目标领域相关主题的过程，如果换个目标领域，确定相关主题的过程可能会更加复杂。另外，本研究中直接使用了 CT 这种论文层次学科分类体系，如果没有现成的论文层次学科分类体系，也就无法直接用这种方法构建数据集。

在构建科学计量学领域数据集时，基于专业期刊无疑简单便捷，且检准率高，能够搜集到科学计量学领域的主要文献，方便快捷地描述、分析科学计量学领域的主要研究内容。但是基于期刊只能搜索到科学计量学领域的一小部分文献，会漏掉大量文献，其中包括经典或重要的文献。尤其是在分析科学计量学领域研究力量分布时，仅仅依赖期刊数据集无疑会对结果影响较大。

本研究从定量的角度比较了两种构建科学计量学数据集的方法：基于 CT 和基于专业期刊。由于无法构建确定完整的科学计量学数据集，因此本研究中使用的定量指标不能代表准确的检准率和检全率，仅用于两种方法的对比，但也在一定程度上能够说明两种方法的相对优势和不足。为社会各界构建数据集提供参考和借鉴。基于本研究，后续还可以探索在两种方法的基础上，如何去除基于 CT 构建的数据集中的噪音数据，构建相对更加完整准确的数据集。同时，文中的定量比较也是对 CT 分类体系分类准确性的定量评估，虽然只是在科学计量学领域，但其中发现的问题也为改进完善这种分类体系提供了参考。

4.4　本章小结

本章首先概述了领域数据集及其常用的构建方法，综述了算法构建论文层次学科分类体系在构建数据集中的应用。虽然科学计量学界已经开始尝试使用算法构建的论文层次的学科分类体系来搜索或辅助搜索领域相关数据，但是研究相对较少，对这种方法构建的数据集与其他方法构建的数据集的结果比较研究和数据集的质量评价研究还比较少。因此，本章以科学计量学研究为例，重点考察算法构建论文层次学科分类体系在构建数据集中的优势和不足。

案例研究中分别使用专业期刊和 CT 构建科学计量学领域数

据集，研究发现：基于 CT 的检全率高，检索到的文章多，能够涵盖学科领域绝大多数的文章，而且能够检索到许多非本学科领域专业期刊或者综合性期刊上的文章。基于 CT 的检准率虽然不能达到 100%，但也具有很高的检准率。基于 CT 能够很好地识别学科领域的重要文献。因此可以说，基于 CT 构建科学计量学数据集是基本可靠的。但是 CT 分类体系存在文章不能入类、入类不准确、同一主题文章入类不一致的问题，这些都会影响基于 CT 来构建数据集的准确性。

第 5 章 学科标准化中的应用

学科标准化在基于科学计量指标的评价中发挥着重要作用，科学计量指标经过学科标准化可以实现不同学科之间的横向比较。学科标准化过程中最常用的就是基于学科分类体系的标准化指标，其中使用最多的学科分类体系是文献数据库基于期刊层次的分类体系，如 WOS 分类。但是这种分类体系在学科标准化过程中存在一些问题，因此，算法构建论文层次学科分类体系因其固有的优势逐渐在学科标准化中使用。但是，不同学科分类体系下的学科标准化过程中，尤其是算法构建论文层次学科分类体系与其他学科分类体系相比，学科标准化值是否一致或相关？不同学科分类体系下的学科标准化结果是否有差异？学科分类体系对评价结果有什么影响？评价结果差异产生的原因是什么？算法构建论文层次学科分类体系在反映社会热点主题相关的学科标准化方面是否有优势？这些问题事关算法构建论文层次学科分类体系在科研评价中的应用，因此，本章从学科标准化相关指标出发，通过具体案例试图回答上述问题。

5.1 学科标准化及常用指标

5.1.1 学科标准化

科学计量分析或评价中经常会涉及多个学科领域，甚至所有的学科，如机构评价或大学排名中经常使用科学计量指标来评价机构或大学在不同学科领域的表现。但是不同学科的科学研究在成果产出、合著和引用实践等方面具有很大的学科差异。例如，有的学科研究人员的科研产出明显多于其他学科；有的学科研究人员倾向发表期刊论文，而有的学科可能更偏向图书；有的学科研究人员喜欢团队合作，有的学科则喜欢独著；有的学科研究人员喜欢引用很多参考文献，有的学科则引用很少；有的学科研究人员喜欢引用近期文献，而有的学科研究人员则喜欢引用旧文献。因此，原始的发文数量、被引频次等计量指标并不能有效地评价不同学科研究实体的学术生产能力、学术影响力等，在科学计量分析和评价中需要考虑这种学科之间的差异，而学科标准化就是消除这种学科差异的一种方法。因此，学科标准化就是为了克服原始发文数量、被引频次等指标在不同学科间进行比较时的不足，对这些原始计量指标进行标准化处理，以消除学科等因素带来的差异。实际学科标准化过程中，由于发表时间和文献类型对一些计量指标如被引也有很大的影响，因此，学科标准化通常不仅对学科进行标准化，而是同时对学科、发表时间和文献类型进行标准化。

原则上，学科标准化可以用于任意类型的科学计量指标，但在实践中，主要对科学出版物的影响力指标进行科学标准化，其中影响力又近似为引用，因此，学科标准化最常用的就是引文标准化，即标准化引文影响。本章后续主要讨论这种基于引用的学科标准化。

5.1.2 学科标准化常用指标

不同的学者从不同的角度对学科标准化方法和指标进行分类：陈仕吉将标准化方法分为三种，即相对影响指标（Relative Impact Indicator）、百分位数（Percentiles）和引文分数统计（Fractional Counting of Citations）[126]；张志辉从标准化过程是否对应先行变换的角度将学科标准化方法分为线性方法和非线性方法[127]；周群和左士革分别通过固定的学科分类体系来修正不同学科领域之间引用行为的被引端标准化（cited-side normalization）和修正基于不同学科领域施引论文或期刊引用行为的施引端标准化（citing-side normalization）[128]；沃尔特曼按照是否使用学科分类体系分为基于学科分类的标准化指标和不需要学科分类的标准化指标[15]。由于本章主要讨论算法构建论文层次分类体系在学科标准化中的应用，因此，本章首先根据是否需要学科分类将学科标准化指标分为两类，随后将基于学科分类的标准化指标又分基于标准化引用分值的指标和基于百分位的指标。学科标准化研究已经进行了几十年，标准化方法也在不断改进，本节重点介绍目前基于学科分类的标准化中常用的一些指标。

1. 基于标准化引用分值的指标

标准化引用分值有多种定义方式，其中最常用的是比均值法。将单篇论文的引用标准分（normalized citation score，NCS）

定义为论文的实际被引次数与其期望被引次数的比值,其中期望被引次数是指同一学科内同一年发表的同种文献类型的所有论文被引次数的平均值[公式(5-1)]。比值大于1说明论文的引文影响力高于论文所在学科的平均水平,反之则低于所在学科的平均水平。此处的"学科"由选择的学科分类体系决定。

$$\text{NCS} = \frac{c}{e} \qquad (5-1)$$

式中,c 是论文的实际被引用次数;e 是论文期望被引次数。

为了获得研究实体(如研究小组、研究机构或期刊)层面的指标,需要对单篇论文的引用标准分进行汇总,可以有平均和相加两种形式。将研究实体的所有论文的引用标准分平均得到的是所谓规模独立的影响力指标,而相加得到的是规模相关的影响力指标。规模独立的影响力指标有多个名字,平均标准化引用值(mean normalized citation score,MNCS)[129,130],项目导向领域标准化引文的平均值(item-oriented field normalized citation score average)[131],学科标准化引文影响(the category normalized citation impact,CNCI)和领域标准化引文影响(the field weighted citation impact,FWCI)。这些指标虽然名称不同,但算法都是类似的,以 CNCI 指标为例,单篇论文的 CNCI 的计算如公式(5-2):

$$\text{CNCI} = \frac{c}{e_{ftd}} \qquad (5-2)$$

当一篇论文被划到多个学科领域时,则使用每个学科领域实际被引次数与期望被引次数比值的平均值,其计算如公式(5-3):

$$\text{CNCI} = \frac{\sum \frac{c}{e_{f(n)td}}}{n} = \frac{\frac{c}{e_{f(1)td}} + \frac{c}{e_{f(2)td}} \cdots + \frac{c}{e_{f(n)td}}}{n} \qquad (5-3)$$

式中,f 是学科,t 是出版年,d 是文献类型,n 是论文被划入的学科领域数。

对于一组论文，CNCI 值为每篇论文的平均值，其计算如公式 (5-4)：

$$\text{CNCI}_i = \frac{\sum_i \text{CNCI}_{\text{eac paper}}}{p_i} \quad (5-4)$$

规模相关的指标则是兼顾了研究实体的发文数量，如全部标准化引文值（the total normalized citation score，TNCS）。上述很多指标已经被科学计量学界应用，如 CWTS 在莱顿大学排名时使用了 MNCS 和 TNCS 两个指标，科睿唯安将 CNCI 嵌入到了 Incites 分析平台，Scopus 和 SciVal 则使用了 FWCI 指标。科睿唯安还将这种学科标准化方法应用到期刊评价中，并于 2021 年在 JCR 中推出全新的期刊跨学科评价指标（Journal Citation Indicator，JCI）。JCI 是某期刊前 3 年发表的可被引文献（研究论文和综述）CNCI 的平均值[132]。

比均值法容易受到个别高被引论文的影响较大。比均值法的期望被引次数是学科中所有论文被引次数的平均值，仅考虑了引文分布的集中趋势，没有考虑分布的离散趋势。不同学科不仅平均被引次数不同，标准差也不同，因此在标准化过程中应该同时引文分布的集中趋势和离散趋势，而 z-score 则可以同时兼顾这引文分布中的均值和标准差。但是 z-score 在原始分布接近正态分布时的标准化效果较理想，而引文通常高度右偏斜，很多研究对这种标准化方法进行改进，基于数理计算方法将引文的偏态分布转换为正态分布。伦德伯格（Lundberg）提出对论文被引次数取自然对数，再用 z-score 进行标准化处理后的分布更接近正态分布，提出 citation z-score[131]。同时，伦德伯格将一组论文的标准化定义为所有论文 citation z-score 的平均值。但是有研究指出"虽然对原始引文分布进行对数变换能减轻分布的偏斜性,能从数学形式上改进 z – score 的标准化效果,但对数变换是一种非线性变换,非线性变换后损害计算论文集合表现的合理性,因此对论文的 citation z – score 求均值的基础上计算论文集合表现的做法是不合理的"[127]。

2. 基于百分位的指标

基于百分位的影响力指标主要基于论文在其学科中的引文分布位置,也就是将一篇论文的被引次数与其所在学科同年度同类型其他论文的被引次数比较,确定这篇论文的被引次数的在学科内的分布位置信息,然后将分布位置进行跨学科比较。常见的百分位指标有 Incites 平台的单篇论文的"学科领域百分位"(percentile),其定义为:通过建立同出版年、同学科领域、同文献类型的所有出版物的被引频次分布(将文献按照被引频次降序排列),确定低于某文献被引频次的论文的百分比。如果某文献的学科领域百分比数值为 1,则该文献的被引频次高于该学科领域、同出版年、同文献类型中 99% 的文献;如果学科领域百分位数值为 100,则该文献被引次数为 0。

基于百分位指标可以根据不同评价目的将论文划分到不同的等级,如 top1% 高被引文献的数量 P(top 1%)和比例 PP(top 1%),CWTS 大学排名中将其定义为:与同一学科领域和同一年度的其他出版物相比,大学发表的被引次数最多的 top 1% 的文章数量和比例。类似的指标还有 P(top 5%)和 PP(top 5%)、P(top 10%)和 PP(top 10%)、P(top 50%)和 PP(top 50%)。

在期刊评价中,经常使用的百分数指标有 JCR 期刊分区和中国科学院期刊分区,这些都是对影响因子进行的学科标准化处理。JCR 于 2015 年和 2021 年又分别推出 JIF Percentile 和 JCI percentile，将期刊影响因子排名或 JCI 排名转化为百分位数值，从而实现不同学科期刊的跨学科评价。

基于百分位的标准化是一种非参数方法，其标准化的过程是将论文的被引次数映射为引文分布中的分布位置，不利用引文分布的任何参数，不依赖于引文分布的形态，具有独立于分布的优势[127]。

3. 不需要学科分类体系的指标

除了前述基于固定学科分类的学科标准化方法，还有一些不需要学科分类的标准化方法，常见的就是施引端标准化（citing–side normalization）[133,134]，也可称之为引用分数加权（fractional citation weighting）[134]、引文分数统计（fractional counting of citation）[135]、引用源标准化（source normalization）[136,137]。这种方法主要以引证文献的参考文献数量为基数来标准化引证文献对被引证文献（即参考文献）的贡献，从而在一定程度上消除学科因素对被引频次的影响。CWTS 的期刊指标中的 SNIP 就是这种标准化指标。该指标不需要使用学科分类，可以避免由于学科分类不准确而引发的问题，但是数据获取与计算较为复杂。

目前实际应用中，基于学科分类体系的学科标准化更为常见，应用范围也较广泛，其中比均值法以其简单和良好的性能最为常用。

5.2 学科标准化中的学科分类体系

5.2.1 期刊层次分类体系

基于学科分类的学科标准化方法在使用过程中必须使用一种学科分类体系。从方便和易用角度，WOS 分类和 ASJC 期刊分类是科学评价中常用的分类，尤其是前者，两者都会根据现有分类体系将期刊归入一个或多个类目。因此，很长时间以来，本来作为信息检索的分类被用在评价计量学中的学科标准化。但是这些分类基于期刊层次，对期刊进行复分，依据期刊引用关系和人工判断对期刊入类等特点使得其在学科标准化过程中存在诸多问题。

① 分类不准确。王琦和沃尔特曼在探索 WOS 和 Scopus 两个数据库学科分类的准确性时，发现两个学科分类都倾向于给期刊分配了过多的类[138]。同时，由于这些分类体系是期刊层次分类，即期刊刊载论文分类从属于期刊所属类别，忽略了期刊内部论文之间的学科差异，对期刊刊载论文可能分类不准确，尤其对于发文涉及面广的综合性期刊和学科内综合性期刊上的文章的分类面临很大的挑战。

② 粒度粗，类目宽泛，类目内引文实践异质。范·埃克（Van Eck）等证实了 WOS 分类中临床医学类目内部各子领域在引用实践方面的异质性[139]。同样，WOS 分类中的经济学类目也很宽，各子领域之间差异很大（如商业子领域与经济史、经济哲学领域相比，前者平均引文是后者的 3 倍），导致平均引文高的

子领域对整体学科平均引文影响很大[140]。雷迭斯多夫（Leydesdorff）也发现WOS分类中图书情报学（information science & library science）类目下的图书馆和信息科学（library and information science，LIS）和另一个不是WOS类目的科学技术研究（science and technology studies，STS）在引文网络和主要刊文期刊所处的类目都表现出很大的差异，在进行学科标准化中会存在很多问题，因此，WOS分类不适宜学科标准化[141]。

③ 复分导致学科标准化过程计算复杂。WOS数据对期刊进行了复分，一种期刊可能对应两个及以上的学科类，这种分类方式基于信息组织和信息检索的目的，有助于揭示期刊的跨学科特性和交叉学科结构特征。相应的WOS数据库中也就约有45%的文献有两个及以上的学科分类，最高是6个[71]。这种复分方式方便了信息检索，但是却增加了学科标准化计算过程中的复杂性，如在比均值法标准化过程中，对归入多个学科的论文的标准化计算就需要用到调和平均值。

5.2.2　算法构建论文层次学科分类体系

相对而言，基于算法得到的论文层次分类，都能够深入到论文主题层面，分类相对更加准确[17]，通过调整分辨率可以得到细粒度的学科分类，同时将单篇论文归到单一学科类，便于标准化的计算。相比WOS分类，算法构建论文层次学科分类存在大量的小类，客观反映了WOS分类中忽视的小科学特征[81]。

算法构建论文层次学科分类体系的初衷是用于学科标准化，但是选择合适粒度的学科分类用于标准化是很重要的。如果粒度很粗，学科类很少，就会导致类目内异质性，此时同一类目内的比较就会有偏颇。反之，如果粒度很细，类目很多，又会面临一些问题：首先，一些集群只包含了相互引用紧密的一些作者的产出，隔离于真正的科学共同体。其次，一些集群很小影响其统计特性。最后，一些集群可能人为低平均被引，因此使用集群平均被引作为标准化因子的标准化过程将倾向高估这些集群出版物，而低估了那些具有高平均被引量的集群出版物的影响力。因此，学科标准化效果很大程度上依赖于学科分类的粒度，那么具体粒度多大比较合适呢？基于此，有学者基于算法构建了 12 个独立的不同粒度的学科分类体系，从类目大小、类目平均被引分布、类目间引文分布的偏斜度和相似度、类目内引文分布的同质化程度来考察比较这些分类体系的特点。比较后发现粒度 9～12 有太多的小集群，粒度 1～8 的集群分布更好；当把分析限制在至少有 100 篇出版物的重要集群时，算法构建的学科分类能够很好地捕获集群间引文分布的相似性。算法构建的学科分类可以基于论文层次而不是基于期刊层次，同时还能显示最新的科学结构。具体选择学科分类粒度时，推荐 G7 和 G8 两种粒度的分类，对应的 100 篇以上文章的重要集群数量分别是 2272 和 4161，也就是说，用于学科标准化时类目控制在 2000～4000 个是比较好的[81]。随后有学者使用 Li 等介绍的图形和数值方法[142]，实证比较了基于算法的两种粒度的分类（G6 和 G8）下的标准化过程，结果显示 G8 分类要比 G6 分类更适合用于评价目的标准化。并指出当选择两种不同粒度的分类体系时，应该使用高级别的体系，这种分类通常表现出更好的标准化性能[71]。因此，如果用于学科标准化目的，算法构建的学科分类可以作为 WOS 分类的替代。

5.2.3 不同分类体系对学科标准化的影响比较

不同的学科标准化方法和不同的学科分类体系都会影响学科标准化结果。此处重点讨论在确定了学科标准化指标后，不同的学科分类体系对学科标准化有什么样的影响，不同学科分类体系下得到的学科标准化值是否一致或相关，对影响力评价的影响是什么。国际上有关算法构建学科分类体系与其他学科分类体系的标准化结果的比较研究见表5-1。

表5-1显示，目前对不同学科分类体系下的学科标准化结果的比较研究有以下几个特点：①数据来源以WOS数据库为主；②分析对象以机构和某个学科为主；③分类体系以WOS分类和算法构建论文层次学科分类体系为主；④学科标准化指标以基于标准化引用分值的均值指标为主；⑤分析维度以不同分类体系下标准化值的相关性以及对排名的影响为主。期刊层次学科分类体系除了WOS分类、ESI分类这种固有的分类体系，还可以将其他的分类体系应用到期刊层次，如OECD分类，不同分类体系应用到期刊层次对学科标准化会产生什么样的影响，评价结果有什么样的差异，标准化值是否也具有相关性，不同分类体系下标准化结果差异产生的原因是什么，如细粒度的CT2和粗粒度的ESI分类相比，标准化结果差异是否有学科不同。这些问题还有待进一步深入研究，因此，本章随后以案例分析的形式尝试回答上述问题。

表 5-1 算法构建学科分类体系与其他学科分类体系的标准化结果比较

文献	数据库	分析对象	分类体系	标准化指标	指标相关性	排名变化
Ruiz-Castillo & Waltman (2015)[81]	WOS 数据库 2003—2012	全球大学	G1-G12，WOS 分类	MNCS，PPtop 10%	对于全球大学而言，不同分类体系下 MNCS 和 PPtop10% 值之间都有很强的相关性	WOS 分类和 G8 相比，约有 1/3 大学排名变化超过 25 位，约有 1/3 的大学 MNCS 指标变化超过 0.05
Waltman & Van Eck (2019)[15]	WOS 数据库 2010—2014	目标高校里发文数超过 50 篇的 13 个学院、36 个部门和 130 个研究小组	WOS 分类，CWTS 分类	MNCS，PPtop 10%	两种分类体系下两个指标的相关性都很高，尤其是 MNCS。PPtop 10% 对分类体系相对更敏感	
Perianes-Rodriguez & Ruiz-Castillo (2018)[82]	WOS 数据库 2003—2012	全球大学	G6、G8 和 WOS 分类	Top1% 和 Top10%		大学排名变化情况

续表

文献	数据和方法					分析维度	
	数据库	分析对象	分类体系	标准化指标	指标相关性	排名变化
Haunschild 等 (2018)[79]	WOS 数据库、CAS 数据库	化学及相关学科	WOS 分类、CA、CWTS 分类	NCS（与前面三个分类体系相对应的 NCS_{JS}、NCS_{CA}、NCS_{CR}）	标准化值的相关性排序：NCS_{CA} 和 NCS_{JS} > NCS_{JS} 和 NCS_{CR} > NCS_{CA} 和 NCS_{CR}	
Haunschild 等 (2022)[80]	WOS 数据库、CAS 数据库	化学及相关学科	WOS 分类、CAS 分类、三种基于引文不同粒度的分类、基于主题相似性的分类	NCS	WOS 分类与 CA 分类下的 NCS 值至少达到中等水平的一致性，三种基于引文的分类中至少有两种也达到中等水平的一致性，但是基于引文语和基于主题得到的分类下的 NCS 值的差异最大	
科睿唯安[11]	Incites 数据库	86 所英国大学 (2015—2019)	WOS 分类、ESI、CT、FOR	CNCI	CT 与 FOR、WOS 的相关性都较高	

5.3 案例：不同学科分类体系对机构科研影响力评价的影响

本节通过使用同一数据源，选择不同的学科分类体系，考察同一计量指标的变化情况，探讨不同分类体系对机构整体评价有什么影响，个别机构在不同分类体系下的表现又有什么差异，并重点分析差异产生的原因，为以后改进和完善学科分类体系以及评价实践中选择合适的分类体系提供参考。考虑到当前国内"双一流"建设背景下的机构评价和学科评估，以及国家"走出去"战略，机构重点选择了第一轮"双一流。大学建设评选出的世界一流大学建设高校名单中的 A 类 36 所高校，分类体系选择了国内机构评价和学科评估中使用较多的分类体系以及便于国际比较的分类体系，学科标准化指标选择了目前使用较多的 CNCI。希望此案例一方面有助于深入了解学科分类体系特点，为科研管理评价实践中选择分类体系提供参考；另一方面也希望各界客观看待不同分类体系下的评价结果。

5.3.1 数据和方法

1. 使用的学科分类体系

虽然 Incites 数据库涵盖了 10 多种分类体系，考虑到评价实践中的广泛应用程度和国内机构科研评价需要，本研究选取其中的 5 种分类体系：Web of Science（WOS）分类体系、ESI 分类、OECD 分类、国务院学位办（the State Council Academic Degree

Committee，SCADC）分类体系、引文主题（Citation Topics，CT），各分类体系概况见表 5-2。

表 5-2 使用的分类体系概况

特点	WOS	ESI	OECD	SCADC	CT
层级	一级	一级	两级	三级	三级
一级类目个数	254	22	6	13	10
二级类目个数	—	—	42	110	326
三级类目个数	—	—	—	—	2 444
覆盖学科	全部	自然科学和社会科学	全部	全部	全部
构建方法	专家	专家	专家	专家	算法
应用层次	期刊	期刊	期刊	期刊	论文

2. 数据来源

研究数据来源于科睿唯安的 Incites 数据库。选择此数据库原因如下：①Incites 是国内机构评价常用的数据库之一。Incites 是基于 Web of Science 核心合集的引文数据生成的分析性数据库，通过 Incites，用户能够实时跟踪机构的研究产出和影响力；将评价机构的研究绩效与其他机构以及全球和学科领域的平均水平进行对比。②Incites 涵盖了国内外主要学科分类体系。为了满足世界各国用户对评价对象进行国内外比较的需求，Incites 涵盖了多种学科分类体系，不仅有 Web of Science 数据库自带的期刊分类体系，还有 OECD 这样的国际标准分类体系，同时还包含了世界主要国家的重要分类体系，如澳大利亚和新西兰研究分类 ANZSRC、英国的研究绩效评估框架 REF 分类、我国的《学位授予和人才培养学科目录》等。③Incites 数据库提供了 WOS 分类与其他分类体系的映射关系。Incites 将 WOS 分类与其他分类体系进行了映射，对收录的同一篇论文可以实现不同学科分类体系下的分类，因此，可以实现在 Incites 平台上同一数据源下不同分类体系评价结果的比较。

3. 研究方法

数据下载

本研究在 Incites 数据库选择机构为分析对象，文献类型限定为研究论文和综述，时间窗口为 2016—2020 年，分别按照上述 5 种分类体系下载全部机构指标数据。考虑到分类层级可能会对指标有影响，因此对两个层级及以上的分类体系，按照不同层级分别下载，最后得到 5 种分类体系下 8 种不同分类方案下的数据，如 SCADC1 和 SCADC2 分别代表一级和二级，CT1、CT2 和 CT3 分别代表 CT 宏观、中观和微观级别，而 OECD 只有二级类目。不同分类体系检索到的记录数并不相同，主要因为：OECD、SCADC 和 WOS 分类进行映射时个别类目忽略，CT 基于论文引用关系聚类产生，但是少部分论文没能聚到类里。

指标选取

引文是科研影响力的重要方面，本研究选取 Incites 数据库中的学科标准化引文影响指标 CNCI 来测度机构科研影响力。由于本研究的时间窗口为 5 年，因此本研究中的 CNCI 实际为 5 年平均 CNCI，下文为叙述方便，简称为 CNCI。由于部分机构在个别分类体系下没有相应的 CNCI，为了分类体系间的可对比，删除没有 CNCI 值的机构，最后得到 14 955 个机构的 CNCI。

分析维度

第一个分析维度为不同分类体系下的评价结果的整体相似性。通过 14 955 个机构在 5 种分类体系 8 种分类方案下分别得到的 CNCI 值之间的相关性以及基于 CNCI 值排名的相关性，考察机构评价中不同分类体系下整体评价指标值和评价排名的相似性，同时考察不同分类体系下评价结果的聚类特征。

第二个分析维度为分类体系对个体机构评价的影响。以第一轮"双一流"大学建设评选出的世界一流大学建设高校名单中的 A 类 36 所高校为例，考察不同分类体系下 CNCI 值的差异，并以某个高校为例，分析不同分类体系结果差异较大的原因。

5.3.2 研究结果

1. 不同分类体系下整体评价结果的相似性

相关性分析可以考察不同分类体系下得到的评价结果是否具有相似性，可以根据相关性系数将不同的分类体系聚成相应的集群。本研究分别选取 Pearson 和 Spearman 系数计算 14 955 个机构 CNCI 值的相关性和 CNCI 排名的相关性。整体来看，不管是 CNCI 值还是 CNCI 排名，不同学科分类体系间的相关性都很显著。由两种相关性图谱大致可将 8 种分类方案分成三类：第一类，包括 OECD、ESI 和 SCADC，它们之间的相关性都很高；第二类，CT2 和 CT3，两者之间的相关性也很高，但是与其他分类体系的相关性较低；第三类，WOS 分类，其与其他分类体系间的相关性相对低一些，相对而言，WOS 与 CT2、CT3 的相关性更高。图 5-1 能明显地看出这些分类体系间的相关性差异。这里需要特别注意的是 CT1，在 CNCI 值相关性图谱里，CT1 与 OECD、ESI、SCADC 距离更近，而在 CNCI 排名的相关性图谱里，CT1 与 WOS 距离更近，说明 CT1 分类的特殊性。

聚在一起的分类体系有其特点，第一类中的几种分类体系有以下共性：从构建方法来看，都是传统的自上而下通过专家构建；从分类粒度来看，粒度相对都比较粗；从分类的层次来看，这几种分类体系要么与 WOS 分类进行了映射，要么本身就基于期刊层次，所以都是根据期刊所属类别对论文进行分类。第二类则与第一类正好相反：基于算法自下而上构建；分类粒度较细；基于论文层次直接对论文进行分类。而 WOS 分类在构建方法和分类粒度方面则介于前面两者之间：专家和算法相结合构建分类体系，分类粒度适中。CT1 是基于算法构建的分类体系的宏观层次，因此粒度粗。

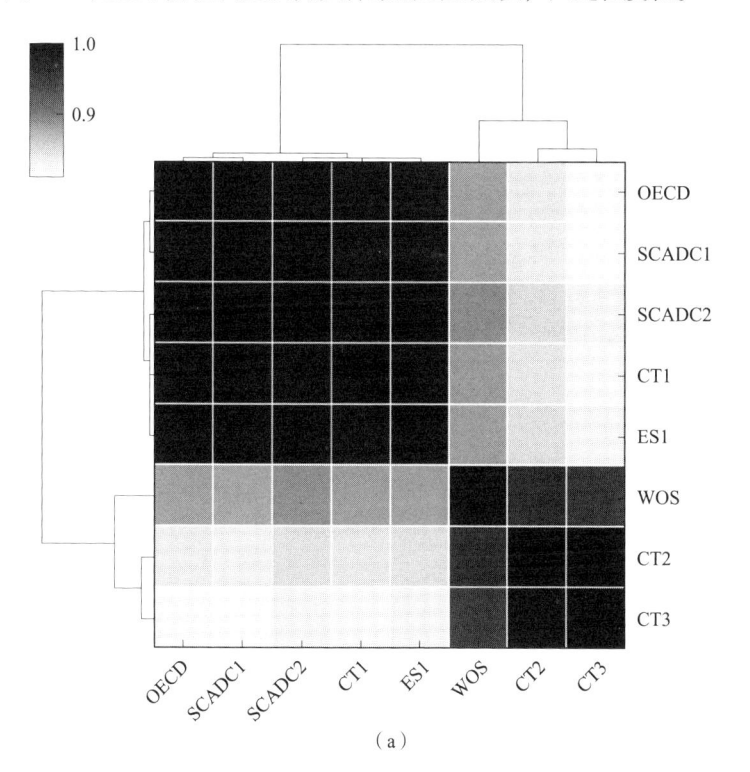

(a)

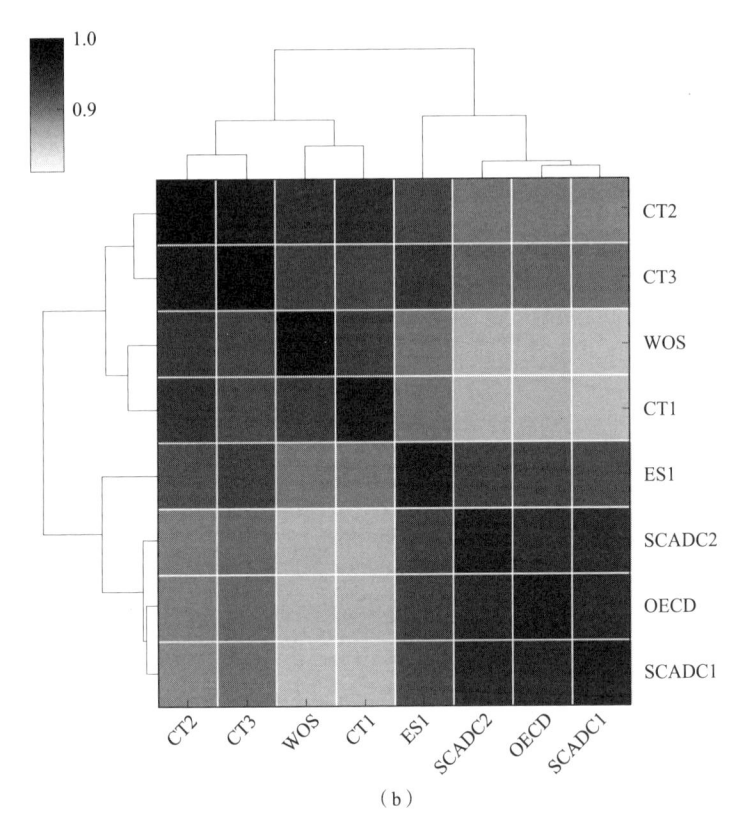

图 5 – 1　不同分类体系下 CNCI 值相关性图（a）和
CNCI 排名相关性图（b）

因此，对于整体的机构评价而言，不同的分类体系下的评价指标值和评价排名具有一定的相似性，但是不同分类体系下的评价结果也存在聚类特征。OECD、ESI 和 SCADC 3 种分类体系下的机构 CNCI 值和 CNCI 排名都有较高的相似性，结果更接近。CT2 和 CT3 具有较高的相似性，评价结果更接近。相对而言，WOS 分类下的评价结果与 CT2 和 CT3 更接近。由此也可看出，对于整体的机构评价而言，算法构建的论文层次的中观和微观分类体系与 OECD、ESI 和 SCADC 这样的传统分类体系有很大不同，分类体系的粒度是决定评价结果的重要因素。

2. 学科分类体系对个体机构评价的影响

虽然对于整体机构而言，不同分类体系下的 CNCI 都具有较强的相关性，整体评价结果具有较高的相似性，但是这并不代表分类体系对个体机构评价没有影响。为了考察分类体系对个体机构的影响，本研究选取 36 所高校，比较不同分类体系下高校 CNCI 值的差异，并分析差异产生的原因。

3. 不同分类体系下的指标值差异

观测不同分类体系下的 CNCI 值的散点图（见图 5-2）可发现，整体上不同分类体系下的 CNCI 值具有高度相关性，这与前面 14 955 个机构得出的结果是一致的，但是也有差异。WOS 分类是机构评价中经常使用的分类体系，因此此处重点考察与 WOS 分类相比，其他分类体系对 36 所高校 CNCI 值的降低或提升影响。通过散点图可发现，OECD、ESI、SCADC 和 CT1 几种分类体系下的 CNCI 值与 WOS 分类下的 CNCI 值的散点图分布类似，除个别机构外，前面几种分类下的 CNCI 值都不同程度地高于 WOS 分类下的 CNCI 值。也就是说，与 WOS 分类相比，OECD、ESI、SCADC 和 CT1 几种分类对 CNCI 值有一定的提升，SCADC2 尤为明显。CT2 和 CT3 两种分类则恰恰相反，两种分类下的 CNCI 值多数低于 WOS 分类下的 CNCI 值。也就是说，与 WOS 分类相比，CT2 和 CT3 对 CNCI 值有一定的降低。部分分类体系下的散点图见图 5-2。因此，变化分类体系可能会高估或低估个体机构的科研影响力。

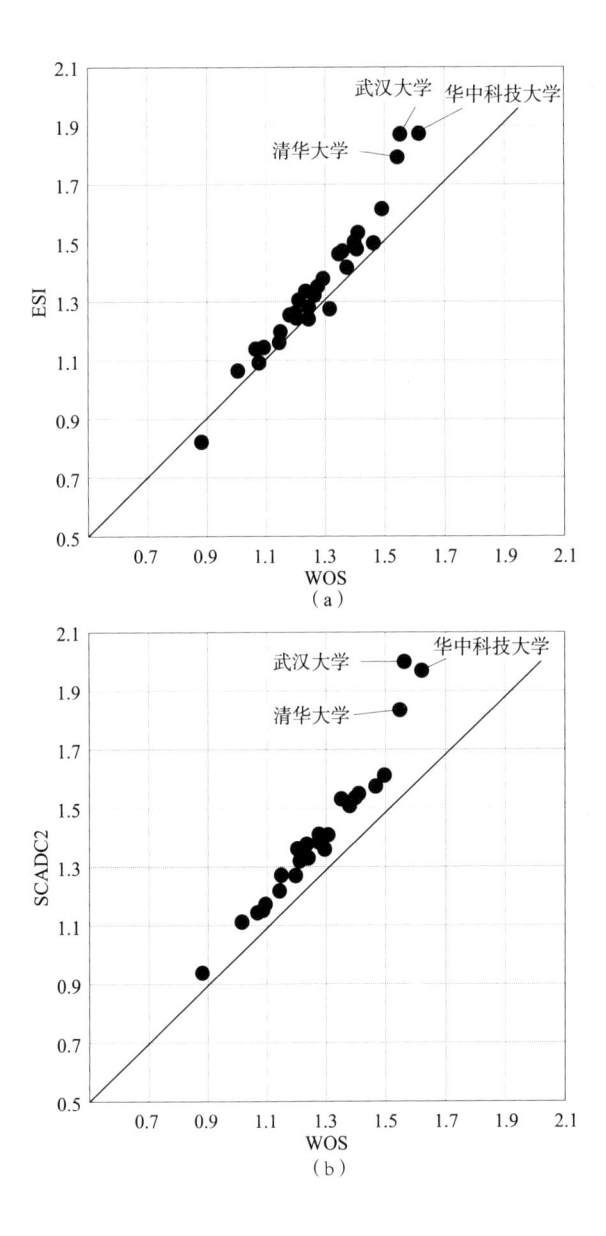

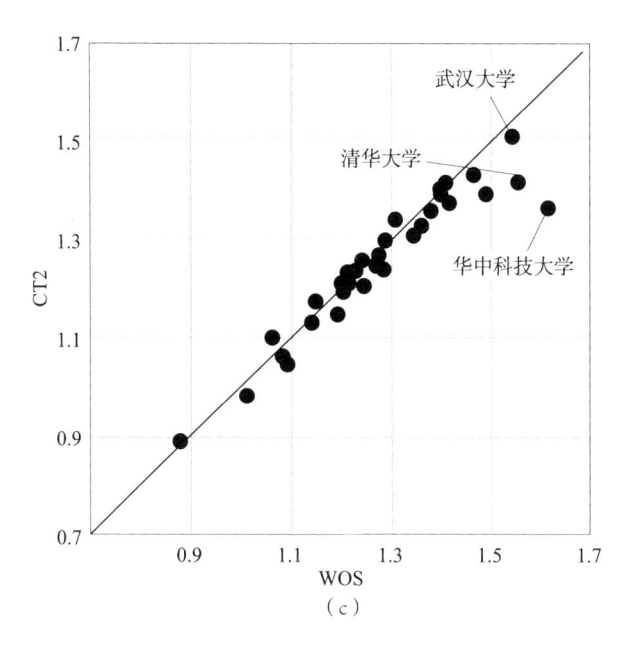

图 5-2　36 所高校在部分分类体系下的散点图

同时我们也看到存在若干偏差比较大的高校，如华中科技大学、清华大学和武汉大学（图 5-3）。图 5-3 展示了三所高校在不同学科分类体系下 CNCI 值的具体差异，三所高校在 OECD、ESI、SCADC 和 CT1 分类体系上 CNCI 值较高，但在 WOS、CT2 和 CT3 分类体系上的 CNCI 值下降较多。

因此，对于 36 所高校而言，虽然不同分类体系下 CNCI 值和排名具有显著相关性，但是变换分类体系，CNCI 值会有所提升或降低，而且部分机构的 CNCI 值变化较大，这种变化势必会影响到个体机构的排名，导致个体机构在某些分类体系下的评价结果具有一定的优势。因此，在对个体机构进行评价时，应该看到不同分类体系下的评价结果差异；同时在个体机构层面再一次证明算法构建的细粒度的学科分类体系与其他学科分类体系对CNCI值的影响有差异。

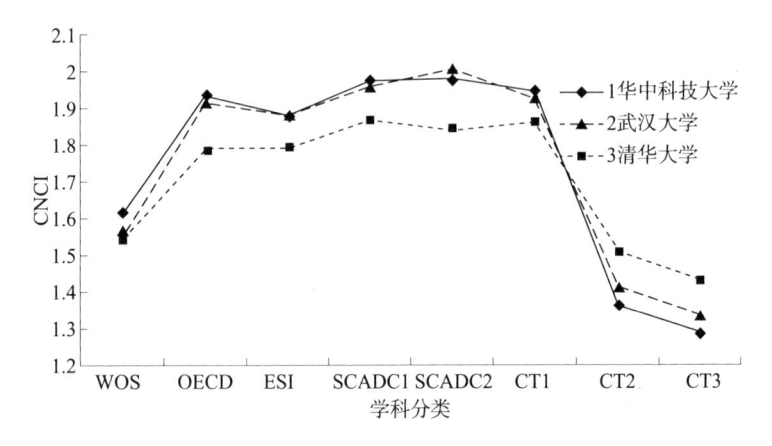

图 5-3 三所高校在不同学科分类体系下的 CNCI 值

4. 同一机构学科间影响差异及原因分析

对于具体机构而言，机构的 CNCI 值取决于单篇文章的CNCI，而同一篇文章在不同学科分类体系下划分到不同类目中，这就造成标准化过程中学科领域的引用基准值不同，导致同一篇文章在不同分类体系下的 CNCI 值不同，最终造成不同学科分类体系下机构 CNCI 值的差异。这种差异是否与学科有关？主要体现在哪些学科？考虑到 CT1 的粒度太粗，而前面研究结果也显示 CT2 和 CT3 的相似性较高，为此，本研究以华中科技大学为例，选择 ESI 和 WOS 这两种更常用的分类体系以及 CT2 这种新兴的分类体系，进一步深入分析。本研究首先分析学科分类体系对学科的影响差异，找出差异较大的学科，然后进一步分析该学科差异较大的原因。

笔者下载华中科技大学在 WOS 分类和 CT2 分类下的单篇论文的 CNCI 值（分别以 CNCI_{WOS} 和 CNCI_{CT2} 表示），再对应到 ESI 分类下重新计算 CNCI 值，与 ESI 分类下的原始 CNCI_{ESI} 值做对比（如图 5 - 4）。比较方法如下：

$$\Delta_{\text{ESI-}\alpha}^{\text{WOS}} = (\text{CNCI}_{\text{ESI}}^{i} - \text{CNCI}_{\text{WOS}}^{i})_{i \in P_{\text{ESI-}\alpha}} \quad (5-5)$$

$$\Delta_{\text{ESI-}\alpha}^{\text{CT2}} = (\text{CNCI}_{\text{ESI}}^{i} - \text{CNCI}_{\text{CT2}}^{i})_{i \in P_{\text{ESI-}\alpha}} \quad (5-6)$$

其中，i 是机构发表的单篇论文；$\text{CNCI}_{\text{CT2}}^{i}$ 是论文 i 在 CT2 中的 CNCI；$\text{CNCI}_{\text{ESI}}^{i}$ 表示论文 i 在 ESI 学科下的 CNCI；$\text{CNCI}_{\text{WOS}}^{i}$ 表示论文 WOS 中的 CNCI；$P_{\text{ESI-}\alpha}$ 表示 ESI 学科下的论文。

结果显示，与 ESI 分类相比，用 WOS 分类和 CT2 分类得到的 CNCI 值差异明显的学科主要出现在 ESI 的微生物学、临床医学、免疫学、心理学、社会科学等学科。具体差异表现在：相比 WOS 分类，ESI 分类下对 CNCI 值提高的学科有微生物学、临床医学、社会科学、动植物学等；相比 CT2 分类，ESI 分类下有将近一半学科的 CNCI 值都有提升，尤其是微生物学提升最大。因此，上述这些学科在变换分类体系后对机构的 CNCI 值变化影响较大。而在物质科学、环境生态、工程、生物/生物化学等学科，即使变换分类体系，机构的 CNCI 值也变化不大。综合来看，ESI 分类体系中医学、微生物等学科的评价结果受分类体系的影响较大。

接着分析部分学科在不同分类体系下 CNCI 值差异较大的原因。由图 5 - 4 可看出，华中科技大学的微生物学（Microbiology）在 ESI、WOS 和 CT2 这 3 种分类体系下的 CNCI 值差异最大，因此以微生物学的发文为例进一步分析 ESI 和 CT2 两种分类下 CNCI 值差异的来源。

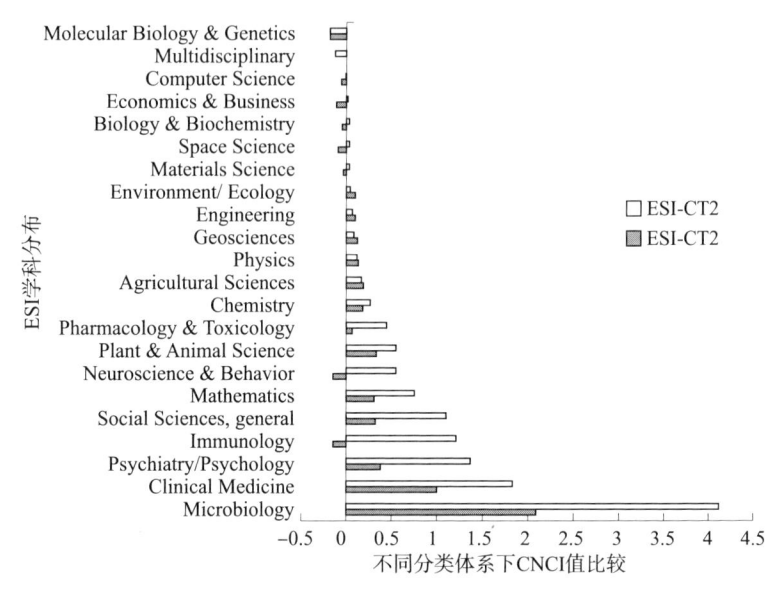

图 5-4 ESI、CT2、WOS 分类体系下
不同学科 CNCI 值差异比较（华中科技大学）

注：图中 ESI - CT2 即为 $\Delta_{ESI-\alpha}^{CT2}$，ESI - WOS 即为 $\Delta_{ESI-\alpha}^{WOS}$

由于 ESI 分类的粒度较粗，只有 22 个大类，机构在某一学科发文可能涵盖众多研究主题，机构在 ESI 某一学科的 CNCI 就会受该学科涵盖的研究主题的影响。本研究为了分析机构在 ESI 学科各研究主题的发文对机构该学科 CNCI 值的影响，进行不同分类体系下 CNCI 的转换。转换关系如下：

$$\text{CNCI}_{\text{ESI}-\alpha}^{i} = \frac{C^{i}}{\mu_{\text{ESI}-\alpha}} = \frac{\text{CNCI}_{\text{CT2}}^{i} \times \mu_{\text{CT2}}}{\mu_{\text{ESI}-\alpha}} \quad (5-7)$$

其中，i 是机构发表的单篇论文；C^i 是论文 i 的被引频次；$\text{CNCI}_{\text{CT2}}^{i}$ 是论文 i 在 CT2 中的 CNCI；μ_{CT2} 是论文 i 发表年该论文所在研究主题本身的 CNCI；$\mu_{\text{ESI}-\alpha}$ 是论文 i 发表年该论文所在 ESI

学科 α 的 CNCI。

$$\sum_i \text{CNCI}^i_{\text{ESI}-\alpha} = \sum_i \frac{\text{CNCI}^i_{\text{CT2}-m} \cdot \mu_{\text{CT2}-m}}{\mu_{\text{ESI}-\alpha}}$$

$$= \sum_i \text{CNCI}^i_{\text{CT2}-m} \cdot R^i_m$$

$$= \sum_m \sum_i \text{CNCI}^i_{\text{CT2}-m} \cdot R_m$$

$$= \sum_m n_m \cdot \text{AvgCNCI}_{\text{CT2}-m} \cdot \text{Avg}R_m \quad (5-8)$$

$$R^i_m = \frac{\mu_{\text{CT2}-m}}{\mu_{\text{ESI}-\alpha}} \quad (5-9)$$

式中，m 是 CT 分类中论文 i 所在的研究主题；n 是机构在 m 研究主题的发文数；$\sum_i \text{CNCI}^i_{\text{ESI}-\alpha}$ 是机构在 ESI 学科 α 的 CNCI；$\text{CNCI}^i_{\text{CT2}-m}$ 是论文 i 在 m 研究主题的 CNCI；$\mu_{\text{CT2}-m}$ 是论文 i 发表年 m 研究主题本身的 CNCI。

$\text{AvgCNCI}_{\text{CT2}-m}$ 代表机构在 m 研究主题发文的平均 CNCI，反映了机构在 m 研究主题的发文质量；$\text{Avg}R_m$ 近似代表 m 主题本身的 CNCI 与 α 学科 CNCI 的比值，反映了 m 研究主题本身的热度。

由公式（5-8）可看出，机构在 ESI 学科 α 的 CNCI 值取决于其涵盖的研究主题的贡献之和，而每个研究主题的贡献由机构在该研究主题的发文数量 n、机构在该研究主题的发文质量和该研究主题本身的热度 3 个因素决定。将该机构 ESI 分类体系下的微生物学文章对应到 CT2，共涉及 48 个研究主题。计算每个研究主题的 $\text{AvgCNCI}_{\text{CT2}}$ 和 $\text{Avg}R$ 得到图 5-5 所示的散点图，圈的大小代表研究主题发文数量。以（1，1）为点可以将散点图划为 4 个象限：右上第一象限里的研究主题的 $\text{Avg}R$ 和 $\text{AvgCNCI}_{\text{CT2}}$ 都高，表明这些研究主题本身具有较高热度，机构在此研究主题发表的论文本身质量也较高，此区域典型的研究主题就是"普通病毒学"（Virology‐generol），其他还有"免疫学"（Immunology）等研究主题；左上第二象限里的研究主题的 $AvgCNCI_{CT2}$ 高、$AvgR$ 较低，表明这些研究主题本身热度不高，但是机构在此研究主题发文的质量相对较高，如"普通泌尿学和肾脏学"；左下第三象限的研究主题的 $AvgCNCI_{CT2}$ 和 $AvgR$ 都低，表明这些研究主题本身热度不高，机构在此研究主题发文的质量也相对较低；右下第四象限则是 $AvgR$ 高、$AvgCNCI_{CT2}$ 低，这些研究主题本身热度较高，但是机构在这些研究主题发文的质量较低。图 5-5 显示，"普通病毒学"本身热度高，华中科技大学在此研究主题发文质量较高，且发文数最多。因此，相比 CT2，华中科技大学 ESI 微生物学类的 CNCI 值的提升主要得益于"普通病毒学"研究主题。

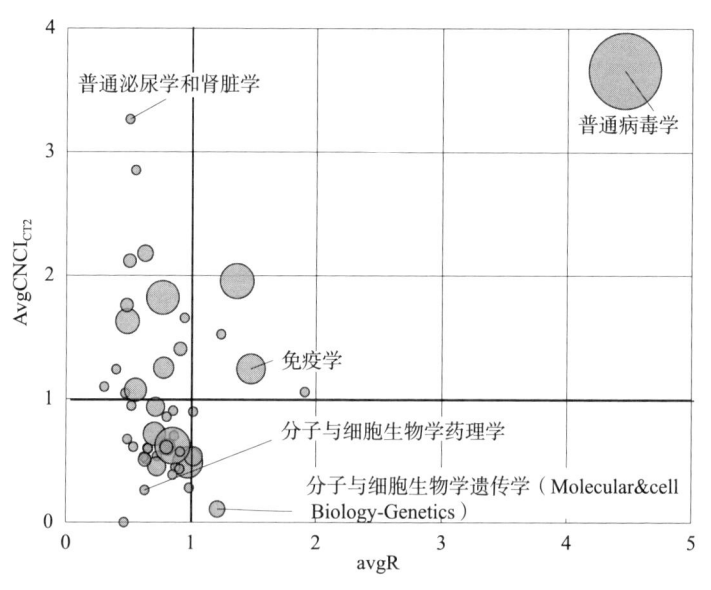

图 5-5　华中科技大学 ESI 微生物学类文章的研究主题分布情况

注：圈的大小代表发文量。

基于上述分析可知，不同分类体系下机构 CNCI 值的变化受学科影响。以华中科技大学为例，使用不同的分类体系，ESI 的微生物学、临床医学、免疫学、心理学、社会科学、动植物学等学科的 CNCI 差异较大，而材料科学、环境生态、工程、生物/生物化学等学科差异较小。其中，微生物学在 ESI 和 CT2 两种分类体系下的 CNCI 值差异最大。通过查找差异原因发现，由于 ESI 分类的粒度较粗，机构在某一学科发文可能涵盖众多研究主题，如果该学科内存在较高热度的研究主题，机构在此研究主题发文数量多且质量较高，则机构在 ESI 该学科的 CNCI 就会受此研究主题影响，相比使用 CT2 分类，CNCI 值就会随之提高。因此，评价实践中使用粗粒度的分类体系时应该注意这种热点主题对评价结果的影响。

5.3.3 结论和讨论

1. 结论

以 Incites 数据库为数据来源，选择 5 种分类体系、8 种分类方案。首先对 14 955 个机构的不同分类方案下的 CNCI 进行相关性分析，考察不同分类体系下的评价结果的整体相似性。然后以国内"双一流"建设中的 36 所高校为例，比较和分析不同分类方案下机构 CNCI 值的变化情况及差异产生的具体原因，研究分类体系对个体机构评价的影响。本研究得到以下结论：各学科分类方案下得到的 CNCI 值和 CNCI 排名间的相关性都较显著，即不同分类体系得到的整体评价结果具有较高的相似度。但是不同分类体系下的评价结果也存在聚类特征，OECD、ESI 和 SCADC 相互之间相关系数高，CT2 和 CT3 间相关系数高。相比之下，

WOS 分类与 CT2 和 CT3 的结果更接近。分类体系的粒度是决定评价结果的重要因素。36 所高校在不同的分类体系下整体相关性较高，但个别高校 CNCI 值变化较大，这就导致个别机构在某些分类体系下的评价结果占有一定的优势。不同分类体系对同一机构不同的学科的影响也有差异，这种差异源于诸如粒度较粗的学科分类体系 ESI 在学科标准化过程中可能受其中某个热点研究主题的影响而提升了机构的 CNCI 值。

2. 讨论

本研究揭示了不同学科分类体系下机构科研影响力整体评价结果的相似性和个体机构在不同分类体系下评价结果的差异及原因，对于深入了解学科分类体系特点、评价实践中选择学科分类体系，以及客观理性看待评价结果具有一定的参考价值。

① 学科分类体系在机构科研影响力评价中的差异体现了分类体系的特点。虽然整体上不同分类体系下的机构科研影响力评价中的 CNCI 值和 CNCI 排名都具有较高的相似度，但是聚类结果也显示出 CT2 和 CT3 与传统学科分类体系有较大差异。对个体机构分析可看出，CT2 和 CT3 对具体机构的 CNCI 值的提升或降低影响与传统学科分类体系也有较大差异。这种差异体现了不同分类体系的自身特点。从构建方法来看，CT2 和 CT3 都是基于论文之间的引用关系通过算法自下而上自动聚类产生，是基于科学文献的自组织学科分类体系，而 OECD、ESI、SCADC 都是传统的基于专家自上而下编制的学科分类体系。从粒度来看，CT2 和 CT3 粒度较细，OECD、ESI、SCADC 粒度较粗。从应用层次来看，CT2 和 CT3 都是基于论文层次，而 OECD、ESI、SCADC 都是基于期刊层次。从更新周期来看，CT2 和 CT3 可以最新的科学研

究成果为数据，及时更新。而 OECD、ESI、SCADC 这些分类体系一般都相对稳定，更新周期较长。这些特点决定了基于 CT 的评价结果与其他分类体系下的评价结果有较大不同。这是因为分类体系的特点尤其是分类的粒度导致基于这两类分类体系对涵盖某类热点主题的学科领域进行指标标准化计算时存在差异。例如，2020年因为新冠病毒感染疫情影响，华中科技大学的"普通病毒学"研究主题发文猛增，因为该研究主题本身热度较高，且包含于 ESI 的微生物学类，因此，该校在此研究主题的高发文和高被引也就提升了该校在 ESI 分类体系下微生物学类整体的 CNCI 值。

② 评价实践中更加推荐细粒度的分类体系。由前面的相关性分析可看出，对于机构科研影响力评价，如果使用相对粗粒度的分类则可以选择 OECD、ESI、SCADC 中的任何一个，整体结果差异不大；如果使用细粒度的分类，CT2 和 CT3 选择其中一种即可。但是评价实践中还是优先考虑细粒度的分类体系，如 CT2 和 CT3。从 ESI 和 CT2 的比较来看，ESI 在某些学科领域粒度还不够，如在微生物学，该领域包含的研究主题众多，如果该领域出现了像普通病毒学这样的热度主题，该领域的引用基准值就会受此主题影响较大，进而影响评价结果。因此，评价实践中推荐使用细粒度的分类体系以减少热点主题等对引用基准值的影响。

③ 客观理性看待机构科研影响力评价结果。研究显示，不同学科分类体系下个体机构科研影响力评价指标值有差异。但是实际评价实践中，机构科研管理者或相关人员往往对指标值的微小变化或者排名变化予以重视，很容易导致过度解读。因此社会各界应客观看待这些定量评价指标数值的大小和排名的先后。尤其是当前"双一流"高校建设背景下，将国内高校置于国际环境进行横向比较时，更应该客观理性看待评价结果，不唯量化评

价指标，而是将其作为机构评价和学科评估的参考。

5.4　本章小结

本章重点介绍了学科标准化概念，常用的基于学科分类体系的标准化指标，学科标准化中常用的期刊层次学科分类体系及存在的问题，以及目前算法构建论文层次学科分类体系在学科标准化中的应用和比较研究。学科标准化中常用的数据库商提供的源于信息检索的学科分类体系，都是基于期刊层次，在分类准确性、粒度等方面存在不足和缺陷，不适合用于学科标准化。算法构建论文层次学科分类体系在分类准确性、粒度、及时动态反映科学结构等方面具有一定的优势，已有研究表明用于学科标准化目的时这种分类体系可以作为 WOS 分类等期刊层次分类的替代。

针对目前比较研究中存在的不足，本章通过案例实证比较了不同学科分类体系下学科标准化结果的一致性和差异性，以及对机构科研影响力评价的影响。案例分析结果显示，不同分类体系得到的整体评价结果具有较高的相似度，但是变换分类体系可能会高估或低估个体机构的科研影响力。算法构建论文层次学科分类体系（尤其是 CT2 和 CT3）与传统学科分类体系在学科标准化过程中差异明显。这是因为传统学科分类体系因为相对稳定不能及时反映社会热点主题（如新冠肺炎疫情），使得跟热点主题相关的学科在传统学科分类体系与算法构建论文层次学科分类体系下的标准化差异比较明显。分类体系的粒度是决定评价结果的重要因素，因此基于学科标准化的评价实践中推荐使用 CT 这种细粒度且能及时反映学科热点主题的分类体系。

第6章　期刊学科结构与影响力评价中的应用

当代科学见证了学术论文的指数级增长和学术期刊数量的增长，仅科睿唯安的引文索引（SCI、SSCI 和 AHCI）收录的期刊就超过1万种。科学知识横向交叉融合，纵向不断深入，新的研究主题不断出现。涵盖多个学科大而全的综合性期刊，涵盖某个学科很多研究主题、研究范围相对广泛、小而全的专业综合性期刊，以及强调突出某学科内某部分研究主题、研究范围较窄的专业性期刊，都在随着科学文献的增长而激增。对期刊进行学科结构分析有助于了解期刊现状，引导期刊发展，合理布局学术资源：一方面可以了解期刊的学科侧重点，不同期刊间是否存在内容同质化现象；另一方面可以了解学科领域内期刊分布是否均衡，是否存在某些学科领域期刊数量较多，而某些学科领域期刊数量较少的现象。期刊影响力评价是期刊评价的重要方面，可以跟踪了解期刊绩效表现。不管是期刊学科结构分析还是期刊影响力评价，目前主要采用传统的期刊层次分类体系。但这种分类体系存在粒度粗，不能深入期刊研究主题方面的问题。算法构建论文层次学科分类体系的细粒度主题层面特点为期刊的学科结构分析和主题影响力评价提供了新的可能。本章首先概述了什么是期刊学科结构和影响力评价，以及常用的学科分类体系及其不足，随后以管理学的5种期刊为例，采用算法构建的论文层次学科分类体系探测期刊学科结构，评价期刊学术影响力。

6.1 期刊学科结构与影响力评价

6.1.1 期刊学科结构

期刊学科结构一般指期刊的学科分布，可以是期刊（如综合性期刊）在各学科领域的分布，也可以是各学科领域期刊数量的分布。对于前者，可以了解期刊自身的学科分布特征；对于后者，则可以分析现有学术期刊是否覆盖了所有学科领域，学科结构是否均衡合理，进而发现是否存在学科漏洞或重叠，国内对后者研究较多。叶继元和臧莉娟先后对我国哲学社会科学领域的期刊的学科结构进行了研究，指出我国哲学社会科学期刊学科分布的不均衡问题[143,144]。张楠和黄新对国际 SSCI 和中国 CSSCI 收录的教育学期刊的学科结构布局进行了比较研究，指出 CSSCI 收录的教育学期刊在教育史、教学论、德育原理、教育心理学、教育统计学和教育社会学 6 个学科领域存在空白[145]。张广萌等对国外典型高校出版社的期刊学科结构进行了研究，指出国内高校出版社如何做好科学合理的期刊布局[146]。其他还有一些对新刊学科结构的统计分析[147,148]，廖宇对我国英文学术期刊布局进行了研究，结果显示：我国英文学术期刊的学科结构不合理，期刊学科分布不均衡，学科空白率达 42%；优势学科和战略学科建设薄弱，普遍存在学科和层次期刊空白的情况；各学科期刊影响力分化严重，普遍为低影响力同质竞争[149]。对于前者，国际上更多地是对综合性期刊或者学科综合性期刊进行学科结构或学科子领域的描述。*Nature*，*Science* 和 *PNAS* 是三种经常被作为研究对象的综合性期刊，三种期刊都发表多个学科的文章，但是侧重点不同，而且大多数文章只涉及一个学科[150]。丁洁兰等比较了 Nature，Science 和 PNAS 三种期刊的学科结构，结果显示，相比 PNAS，Nature 和 Science 的出版物在某些学科的学科集中度更低，生物学是三种期刊的主导学科。三种期刊在医学、地球科学、物理、空间科学和化学等学科的出版物份额相似，PNAS 主要集中在生物和医学领域[151]。由于三种期刊在学术期刊界的地位，穆贾诺维奇（Molojevic）也对三种期刊的学科结构进行了研究[152]。

6.1.2 期刊影响力评价

期刊影响力有多个维度，如学术影响力、社会影响力、政策影响力等。期刊影响力评价主要从期刊对学科领域的知识创新影响（包括知识的传播和创造）进行评价。期刊影响力评价是在学科期刊之间，对期刊创新能力、学科核心程度以及技术方法的评价[153]。期刊影响力评价大致分为同行评议法、科学计量学方法以及替代计量学方法三大类。其中科学计量学方法又可以分为传统指标、影响因子系列指标、H 指数及其衍生指标、类 PageRank 及其衍生指标以及多因素综合评价方法五类评价方法。自 20 世纪中后期，应用科学计量指标评价期刊影响力一直被广泛研究和改进，其中大多是基于被引的指标，如被引频次、期刊影响因子（Journal Impact Factor，IF）等。影响因子由美国科学信息研究所创始人加菲尔德（Garfield）创建。加菲尔德于 1955 年提出出版物"影响力"的概念并创建了期刊影响因子，旨在帮助科学引文索引（SCI）选择新期刊。影响因子有两个基本要素：分子和分母。分子是指前两年在期刊上所发表的任何论文在当前年份中的被引次数；分母是指这两年所发表的实质性的科研论文（Article）及综述（Review）的数量。这是基于 2 年发文数据得到的传统的影响因子，也可以通过调整时间窗口得到 5 年影响因子。不管时间窗口是 2 年还是 5 年，影响因子反映的都是期刊一定时间内的发文在统计当年的平均影响力。影响因子对于图书馆员在预算有限的情况下选择订阅期刊、出版商跟踪了解期刊绩效表现具有参考价值。针对影响因子的诸多弊端，研究人员也在不断研究改进影响因子。源于评估科研人员个人科研产出的 H 指数出现后备受科学计量学界的管护，很快被引入期刊评价，并由此衍生出多种扩展指数。2012 年后科学计量研究人员将 Google 的网页相关性排名算法引入期刊评价中，产生了多种类 PageRank 的期刊影响力评价方法，如 JCR 特征因子（Eigenfactor Score）和 SCImago Journal Rank（SJR）指数。

　　基于上述各种评价方法和指标，国内外有众多期刊影响力评价实践，并根据评价实践指出期刊发展中的优势或不足，此处不多赘述，仅举两个国内的例子。杨畅融合影响因子和高被引论文两个指标测度中国化学领域学术期刊的影响力，结合学科发展态势，发现我国期刊影响力水平落后于我国学科发展的水平[154]。黄英娟也以中国 16 种 SCI 收录的化学期刊为样本，采用影响因子、总被引频次、自被引率或他引率等指标评估和分析我国中、英文化学期刊在国内国际的影响力，结果显示近 10 年我国英文化学期刊国际影响力明显提升，中文化学期刊国际影响力略有提升，而近 10 年中文化学期刊在国内具有高影响力的优势在减弱[155]。除了上述传统视角，还有其他一些新视角来评价期刊影响力，如评价期刊动能[156]，多维度影响力多样性测度[157]。

6.2 期刊层次分类体系使用中的问题

期刊学科结构分析的前提是对期刊内容进行学科划分，期刊影响力评价的前提是对期刊进行分类评价，因此都需要基于一定的学科分类体系将期刊数据映射到相应的学科类中，而选择合适的学科分类体系是期刊学科结构分析和期刊影响力评价准确性的基础。期刊学科结构分析和影响力评价中使用最多的是期刊层次分类体系，即根据一定的学科分类体系，将期刊划分到一个或多个学科分类体系中，但如 5.2.1 中所述，期刊层次分类体系在使用过程中存在期刊论文分类不准确、类目内引文实践异质等问题。

期刊学科结构分析中的问题

忽略了期刊学科侧重。现有期刊层次分类体系在期刊学科结构分析中存在一些局限，比如 Web of Science 采用 WOS 分类，期刊与学科是一对多的关系，每种期刊平均对应 1.58 个学科，其中涵盖多种学科的综合类期刊被划分到多学科（Multidisciplinary），学科内的综合期刊采用学科复分或学科小类综合的方式。Scopus 也采用了类似的方案，每种期刊平均对应 2.32 个学科。基于期刊层次的学科分类体系，一种期刊属于一个或多个学科，综合性期刊被划分到同一个综合类，忽略了不同期刊在不同学科上的侧重。因此，基于期刊层次分类体系对期刊进行学科结构分析存在不合理的情况。

期刊影响力评价中的问题

忽略了期刊上不同学科和不同研究主题的影响力不同。综合性期刊发表的论文涉及多个学科领域,这些学科不但发文数量不同,学科间的引用行为也有显著差异,如医学领域的引用密度远高于数学领域。对于专业性期刊,发文主题一般限于某个学科领域,但是研究领域或主题有侧重。同一学科内,不同研究领域的引用数也存在较大差异,如临床神经医学内干预研究的论文引用通常较低,而基础和诊断研究的论文引用较高[139]。在 WOS 分类中的概率与统计学科,概率相关期刊的影响因子普遍低于统计相关的期刊[84]。期刊层次分类体系的粗粒度不能准确描述期刊论文的学科或研究领域,导致不能准确评价期刊影响力。除了分类不够细之外,学科复分也会给影响力评价带来问题,会将实属不同学科的论文进行直接比较,对期刊影响力评价造成系统性偏差。

期刊层次分类体系固有的学科复分、综合类学科设置、学科粒度较粗、更新较慢等问题,无法继续满足期刊学科结构和影响力评价的需求,亟须一个可以考虑期刊学科侧重、分类粒度更细、更新更及时的分类体系。而算法构建论文层次学科分类体系为新形势下应用于期刊学科结构和影响力评价提供了可能,如尝试将其用于我国英文期刊的学科布局研究[149]。本章接下来通过具体案例来展示算法构建论文层次学科分类体系在期刊学科结构分析和影响力评价中的优势。

6.3 案例:基于论文层次学科分类体系的期刊主题画像与影响力

根据前面学科的定义,本研究中的学科有不同的粒度,如果粒度较细，对应的可能就是研究主题。不管是期刊编辑部或出版商出于制定期刊发展战略的需要，还是作者出于投稿的需要，都希望对期刊的学科或主题表现有深入的了解，而不仅是期刊整体的平均影响力。例如，期刊发文主题偏好是什么？同一期刊中各主题的影响力是否相同？发文量高的主题是否影响力就大？在同一主题上不同期刊的影响力有何不同？学科综合性期刊与某个领域的专业期刊相比在该领域是否有优势？本节以管理学 5 种综合性期刊为例，通过论文层次学科分类体系尝试回答上述问题，从而研究论文层次学科分类体系在期刊学科机结构和影响力评价中的具体应用。

6.3.1 数据和方法

1. 期刊选取和数据来源

本章选取 Web of Science 分类体系中管理学的 5 种期刊，分别是：《美国管理学会年鉴》（*Academy of Management Annals*, AMA）、《管理学会评论》（*Academy of Management Review*, AMR）、《管理学会杂志》（*Academy of Management Journal*, AMJ）、《管理科学季刊》（*Administrative Science Quarterly*, ASQ）、《管理学报》（*Journal of Management*, JOM）。期刊选取基于以下两点考虑：一是这 5 种期刊影响力都比较高，影响因子一直都比较高，处于 JCR 的 Q1 区，初步计算得到的 2011—2020 年期刊学科标准化引文影响力在 JCR 管理学领域也都处于领先地位；二是这 5 种期刊刊文方向覆盖管理学主要研究领域，是国际管理学领域重要的综合性期刊。为了将样本期刊与其他期刊做横向对比，本研究同时选取 WOS 分类中的管理学期刊为对比对象。

研究数据来源于科睿唯安的 JCR 和 Incites 数据库。5 种期刊的影响因子及排名数据来自科睿唯安 2021 年度发布的 JCR 报告。期刊主题分布及影响力数据来源于 Incites 数据库。由于 5 种期刊中 AMA、AMR 和 ASQ 年度发文量都很少,为了得到相对多的样本量数据,在 Incites 数据库中将数据年限设定为 2011—2020,文献类型限定为研究论文和综述。本章数据下载时间是 2022 年 3 月。

2. 学科分类体系

本研究使用两种分类体系:WOS 分类和 CT。同样是论文层次的学科分类体系,相比 CWTS 分类体系,CT 有以下优势:①CT 是基于 Web of Science 数据平台上 1980 年以后所有数据之间的引用关系构建,数据量大,92% 的研究论文和 96% 的综述都能归入某一主题,最近 5 年数据的比例更高;②科睿唯安为三个层级的聚类都贴上了标签,便于用户识别主题内容。由于 CT 是由引文网络构建,其中的类目与传统的学科、子学科、研究领域并不一致,本章后续讨论中将 CT 宏观层级(CT1)称之为门类,CT 中观层级(CT2)称之为学科,CT 微观层级(CT3)称之为主题。

3. 学术影响力指标

Incites 数据库有众多分析指标,其中领域标准化指标就有 4 个。本研究选取学科标准化引文影响指标 CNCI 来考察各期刊在各主题上的学术影响力表现。CNCI 计算每篇文章引文影响力时都从文章类型、出版年和学科领域进行了归一化,消除了文章类型、发文时间和学科领域之间的差异。对于期刊和研究主题

CNCI，则是期刊或某主题上所有文章的平均 CNCI。由于本研究的时间窗口为 2011—2020 年，因此本研究期刊或者主题 CNCI 实际为 10 年平均 CNCI，下文为叙述方便，统称为 CNCI。

4. 研究思路

首先分析 5 种期刊在 JCR 中的表现，随后重点分析 5 种期刊在 CT 中的表现，具体包括：期刊的学科范围和期刊的主题分布与影响力。其中后者又包括期刊的主题分布情况，同种期刊不同主题的影响力情况，5 种期刊与其他期刊在同一主题上的影响力比较。

6.3.2 结果

1. WOS 分类体系下的期刊表现

WOS 分类体系一般会将期刊划分到一个或多个学科，最多可划分到 6 个学科。本章选取的 5 种期刊同时被划分到了管理和商业两个学科类中。WOS 分类体系中的管理和商业同时被 SSCI 收录，其中管理收录了 226 种期刊，商业收录了 153 种期刊。5 种期刊 2020 年的期刊影响因子 JIF、5 年影响因子 JIF5，以及在管理和商业学科类中的排名见表 6-1。表 6-1 显示，不管是在管理还是商业，*AMA* 和 *AMR* 的影响力排名靠前，其次是 *JOM* 和 *ASQ*，*AMJ* 在 5 种期刊中排名相对靠后。

上述分析可得到 WOS 分类体系下期刊的表现：学科范围方面，5 种期刊的学科范围只有管理和商业两个学科；影响力方面，我们只能获得期刊在管理和商业两个学科类下的具体指标数值和排名，但是具体到每种期刊的主题层面在发文和影响力方面有什么不同，我们无从得知。

表 6-1 管理学 5 种期刊在 JCR 中的表现

期刊	2020JIF	JIF5	JIF 排名 management	JIF 排名 business
AMA	16.44	23.83	2/226	1/153
AMR	12.64	18.36	4/226	3/153
AMJ	10.19	15.87	13/226	10/153
ASQ	11.11	14.37	8/226	7/153
JOM	11.79	16.66	5/226	5/153

2. CT 分类体系下的期刊表现

（1）期刊学科范围

CT2 有 326 个类目，与 WOS 的 254 个类目相对比较接近，此处我们将 CT2 层面的类目称之为学科。5 种期刊在 CT2 上的学科分布见表 6-2。5 种期刊涉及的主要学科是管理和经济，但是在性别研究、社会心理和教育及教育研究等学科领域也有较多的涉及，这几个类别在 CT1 的门类里都属于社会科学。从整体的学科范围来看，5 种期刊除了覆盖社会科学相关学科，还涉及临床和生命科学、电子工程计算机、地球科学、数学、人文艺术等门类里的 36 个学科。当然，每种期刊涉及的学科范围也不一样。因此，相比 WOS 分类体系下 5 种期刊只在经济和管理两个学科，CT 分类体系下我们可以看到期刊更多的学科覆盖范围。

表6-2 管理学5种期刊在CT分类体系下的学科分布情况

序号	CT2	AMA	AMJ	AMR	ASQ	JOM	总计
1	6.3 Management	154	572	247	165	601	1739
2	6.10 Economics	10	96	16	26	87	235
3	6.178 Gender & Sexuality Studies	5	23	8	13	27	76
4	6.73 Social Psychology	6	21	9	8	25	69
5	6.11 Education & Educational Research	2	10	2	2	14	30
6	6.122 Economic Theory	3	3	2	2	4	14
7	6.185 Communication	4	1	3		4	12
8	1.155 Medical Ethics	1			2	6	9
9	1.21 Psychiatry			1		8	9
10	1.14 Nursing	1	2			3	6
11	6.238 Bibliometrics, Scientometrics & Research Integrity				2	4	6
12	1.156 Healthcare Policy	1	3			1	5
13	6.153 Climate Change	2	2		1		5
14	4.237 Safety & Maintenance				1	3	4
15	4.48 Knowledge Engineering & Representation	1			1	2	4
16	6.27 Political Science		1	1	2		4
17	6.277 Asian Studies		1		3		4
18	1.136 Autism & Development Disorders					3	3
19	1.7 Neuroscanning			1		2	3
20	10.240 Music		1	1			3
21	4.224 Design & Manufacturing			2		1	3
22	6.223 Hospitality, Leisure, Sport & Tourism	1	1	1			3

续表

序号	CT2	AMA	AMJ	AMR	ASQ	JOM	总计
23	6.86 Human Geography			1	1	1	3
24	9.92 Statistical Methods					3	3
25	4.116 Robotics	1			1		2
26	6.316 Folklore & Humor			1		1	2
27	1.172 Sports Science		1				1
28	1.44 Nutrition & Dietetics					1	1
29	4.187 Security Systems					1	1
30	4.61 Artificial Intelligence & Machine Learning					1	1
31	4.84 Supply Chain & Logistics		1				1
32	6.288 Information & Library Science				1		1
33	6.303 Sociology		1				1
34	6.314 Social Work			1			1
35	6.69 Language & Linguistics		1				1
36	8.124 Environmental Sciences			1			1
	总计	192	741	299	231	803	2266

(2) 期刊主题分布与影响力

虽然通过 CT2 我们可以考察期刊的学科覆盖范围，但是 CT2 的粒度还是比较粗，对期刊主题层面的揭示仍显不足，有必要深入 CT 的微观层级即主题层面。5 种期刊发文主题共有 92 个，其中 JOM 主题最多，有 57 个，其次是 AMJ 41 个，AMA 和 AMR 都是 31 个，ASQ 主题最少 27 个。使用 CT3 归一化后的 CNCI 值，AMA 最高，其次是 AMR 和 AMJ，ASQ 和 JOM 相对较低（见表 6-3）。

表6-3　管理学5种期刊CT3的主题数与影响力

期刊	CT3 主题数 2011—2020	CNCI
AMA	31	6.15
AMR	31	4.64
AMJ	41	4.20
ASQ	27	3.65
JOM	57	3.35

期刊主题分布

在研究各期刊的研究主题分布与影响力之前，有必要了解下5种期刊总的主题分布情况，以便后续选择重点主题进一步分析。图6-1展示了5种期刊发文Top10研究主题。发文最多的研究主题是工作满意度（6.3.48 Job Satisfaction），论文占比超过了30%，其次是知识管理（6.3.2 Knowledge Management）（21.36%），社会运动（6.3.343 Social Movements）（13.20%）和公司治理（6.10.63 Corporate Governance）（9.62%）两个研究主题发文数也较多，这四个研究主题的论文比例已经超过了75%。企业社会责任（6.3.385 Corporate Social Responsibility），企业家精神（6.3.726 Entrepreneurship）和工作家庭冲突（6.178.443 Work-Family Conflict）三个研究主题的论文数相当。其他三个主题，国际化（6.3.1229 Internationalization）（1.50%）和6.73.130 Persuasion（1.02%）论文比例超过了1%，工会（6.3.744 Trade Unions）论文比例还不足1%。

同样是管理学综合性期刊，5种期刊的主题分布又有什么不同？期刊是否有发文主题偏好？此处选择发文最多的四个主题进一步分析，5种期刊各自的主题分布见图6-2。整体来看，

AMA、AMR、AMJ 和 JOM 具有一定的相似性，发文最多的主题都是工作满意度，其中 JOM 在此主题发文比例最高，最少的主题都是公司治理。ASQ 在四个主题上的分布不同于其他期刊，发文比例最高的主题是社会运动，而工作满意度发文比例较少。5 种期刊在知识管理方面的发文比例都在 20% 左右。

图 6-1　管理学 5 种期刊发文主题情况（Top10）

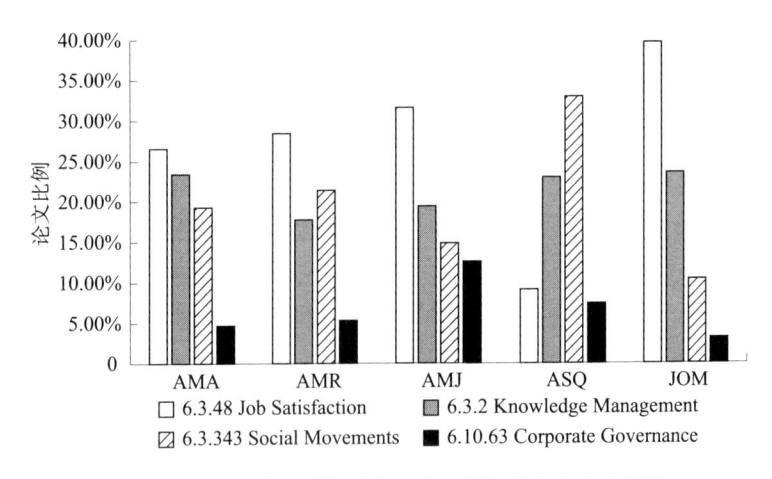

图 6-2　管理学 5 种期刊在四个主题上的论文分布情况

各主题发文的多少与期刊的学科定位、发文偏好有关系，也可能与不同研究主题总的产出有关系，如某个主题本身从事研究的人员多，产出的论文数量多，导致很多期刊在此主题上的论文数量都较高。为此，本研究提出显示度指标，定义为某期刊某主题的论文比例与期刊所在学科所有论文在此主题比例的比值（比值大于1，代表期刊在此主题的发文比例高于本学科平均水平；比值小于1，代表期刊在此主题发文比例低于本学科平均水平），以此考察期刊主题的相对分布情况。本研究中，将5种期刊各主题的发文比例与 Web of Science 中管理学类所有论文的主题发文比例进行比较，即5种期刊各主题的论文比例除以管理学所有论文相应主题的论文比例，可以得到5种期刊相对于管理学所有论文的主题分布情况。图6-3显示，发文比例较高的4个主题中，社会运动主题上5种期刊都有很高的显示度，尤其是 ASQ，工作满意度主题上，除了 ASQ，其他几种期刊都有较高的显示度，在知识管理主题，5种期刊的显示度都不高，而在公司治理主题上，AMJ 有很高的显示度，其次是 ASQ，AMA 和 AMR 的显示度也不高，JOM 则低于1。

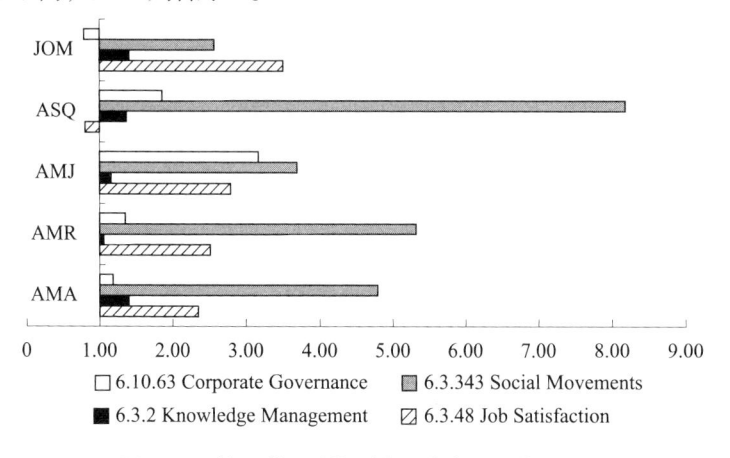

图6-3 管理学5种期刊在四个主题上的显示度

因此，通过 CT 分类体系，综合各期刊各主题的发文比例和显示度可发现，5 种期刊都偏好发表社会运动方面的文章，尤其是 *ASQ*，*AMA*、*AMR*、*AMJ* 和 *JOM* 也倾向发表工作满意度方面的文章。*AMJ* 偏好发表公司治理方面的文章。虽然 5 种期刊在知识管理主题上发文比例都较高，但是显示度都不高，说明知识管理是管理学领域普遍关注的主题，整体论文产出就很多。

期刊不同主题影响力

每个期刊的发文主题有侧重，同一期刊不同主题影响力有什么不同？发文量高的主题影响力是否也高呢？此处仅以 *AMA* 期刊为例进行分析，其他期刊不同主题影响力情况详见图 6-4。*AMA* 期刊的 CNCI 是 6.15，各主题 CNCI 区间是（0.24，13.24），31 个主题中有 3 个主题的 CNCI 低于 1。发文主题中影响力最大的是国际贸易（CNCI 是 13.24），但是该主题发文较少。发文较多的主题中，社会运动的影响力最高（CNCI 是 10.43），远远超过该刊的平均水平，发文最多的工作满意度和第二的知识管理主题的影响力（CNCI 分别是 4.17 和 5.81）都低于该刊平均水平。公司治理和企业家精神两个主题虽然发文量相同，但是公司治理的影响力（CNCI 是 7.75）明显高于企业家精神（CNCI 是 5.99），也高于该刊平均水平。

通过使用 CT 分类体系，能够很直观地看出同一期刊不同研究主题的影响力差别，影响力高和影响力低的主题有哪些，发文量高的主题的影响力也可能低于该刊平均水平。

同主题不同期刊影响力对比

与管理学其他期刊相比，5 种期刊在同一主题上的表现如何，是否有影响力更大的专业期刊？本部分仍然选择发文量大的几个主题为例进行研究。整体来看，5 种期刊在四个主题上的影响力比大多数期刊都高，尤其是 *AMA*，在其中三个主题上的影响力都是最高的，具体到不同研究主题，其余四种期刊有不同的表现（见图 6-5）。

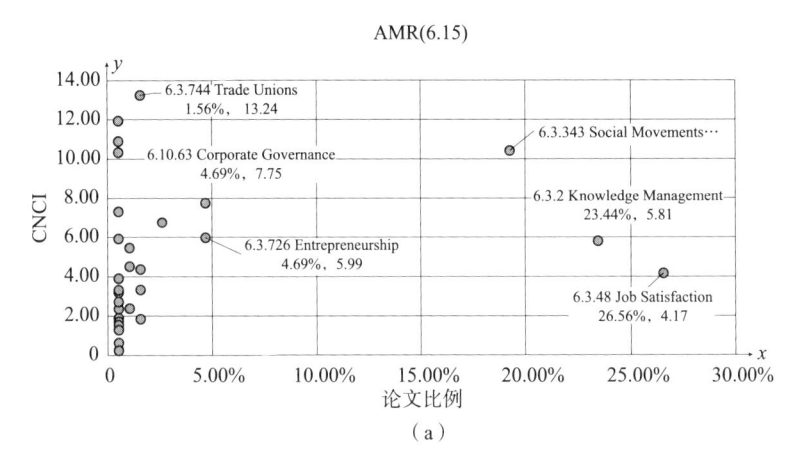

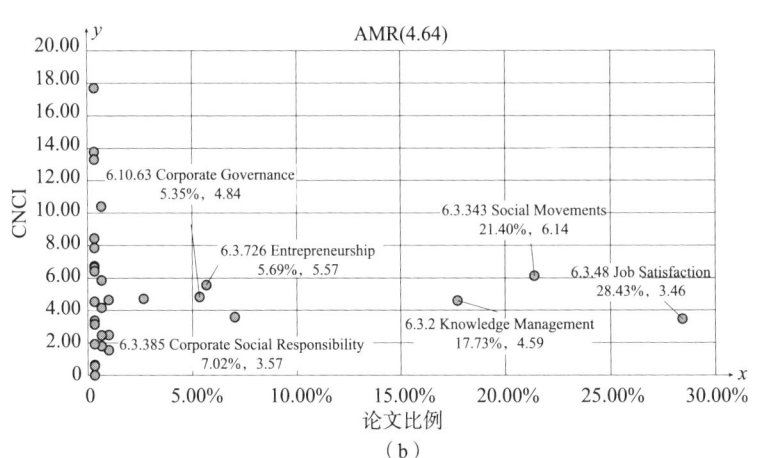

AMR(6.15)

- 6.3.744 Trade Unions 1.56%，13.24
- 6.10.63 Corporate Governance 4.69%，7.75
- 6.3.343 Social Movements⋯
- 6.3.2 Knowledge Management 23.44%，5.81
- 6.3.726 Entrepreneurship 4.69%，5.99
- 6.3.48 Job Satisfaction 26.56%，4.17

横轴：论文比例 纵轴：CNCI

（a）

AMR(4.64)

- 6.10.63 Corporate Governance 5.35%，4.84
- 6.3.343 Social Movements 21.40%，6.14
- 6.3.726 Entrepreneurship 5.69%，5.57
- 6.3.48 Job Satisfaction 28.43%，3.46
- 6.3.2 Knowledge Management 17.73%，4.59
- 6.3.385 Corporate Social Responsibility 7.02%，3.57

横轴：论文比例 纵轴：CNCI

（b）

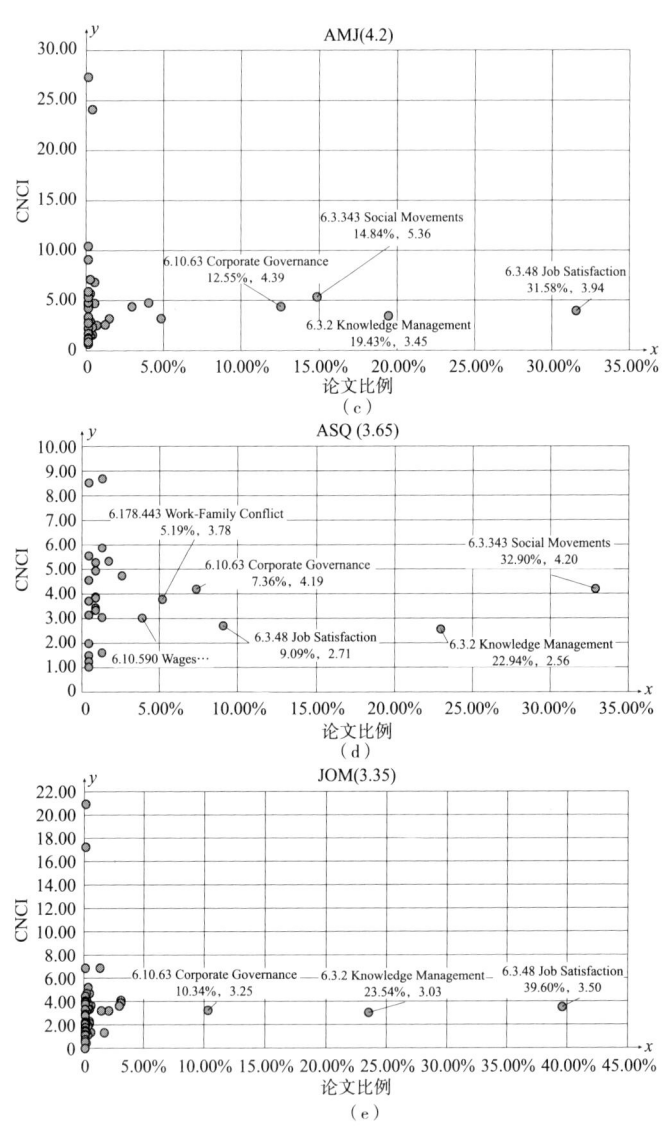

图 6-4　管理学 5 种期刊主题影响力情况

注：期刊后面括号内的数字是该刊的 CNCI 值。

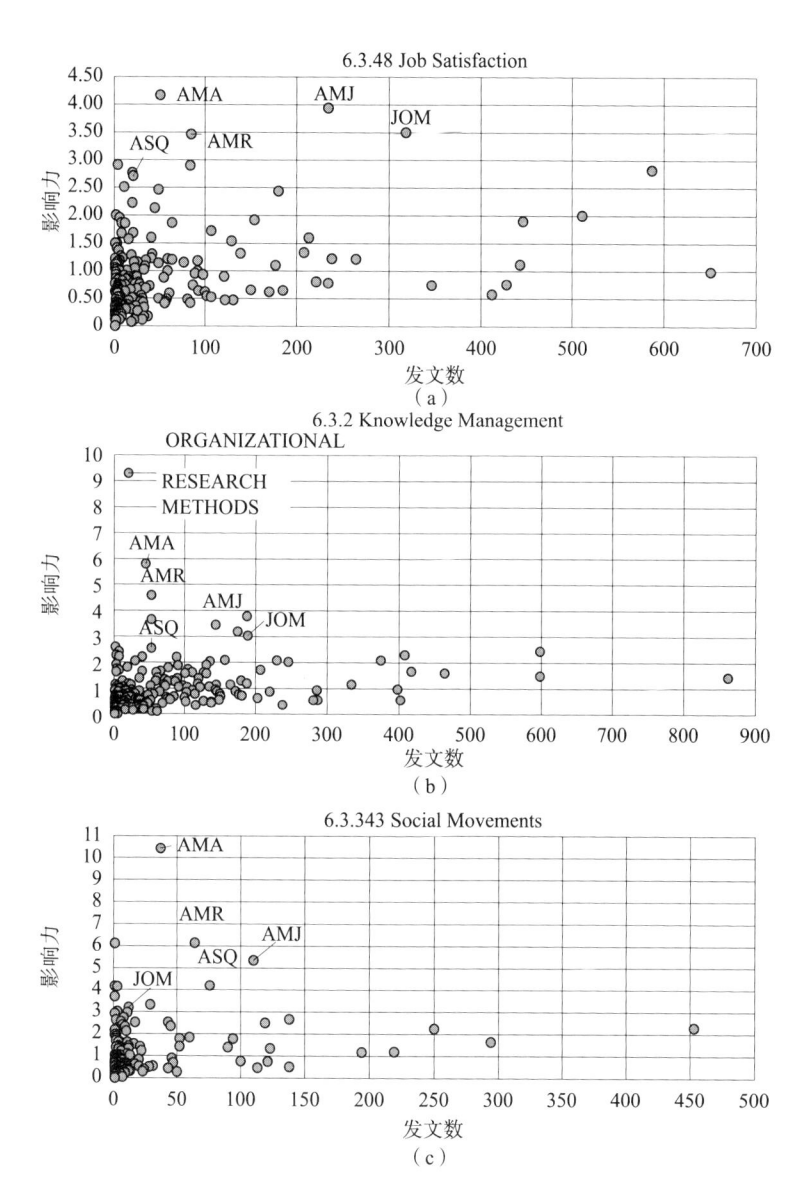

(a) 6.3.48 Job Satisfaction

(b) 6.3.2 Knowledge Management

(c) 6.3.343 Social Movements

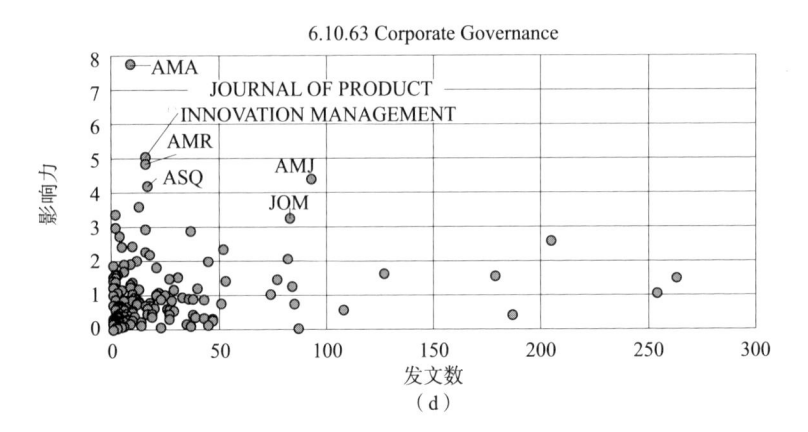

6.10.63 Corporate Governance

(d)

图6-5 管理学所有期刊在四个主题上的影响力

工作满意度主题上，*AMA*、*AMJ*、*AMR* 和 *JOM* 的影响力明显高于其他期刊，*ASQ* 虽然影响力较低，但是也处于领先位置。但是从发文数量来看，5 种期刊中 *AMJ* 和 *JOM* 相对较多，但仍然远远低于部分期刊。*AMA* 虽然影响力最高，但是发文量较少，2011—2020 年共有 51 篇。知识管理主题上，5 种期刊都有较高的影响力，其中 *AMA* 的影响力仍然最高，其次是 *AMR*，接下来是 *ASQ*、*AMJ* 和 *JOM*。在此主题，专业期刊《组织研究方法》(*Organizational Research Methods*) 的影响力远远高于其他期刊。社会运动主题上，*AMA* 的影响力远远高于其他期刊，CNCI 值达到了 10.43，其次是 *AMR*，CNCI 值也达到了 6.14，也高于其他期刊，接下来是 *AMJ*，*ASQ* 和 *JOM* 影响力相对较低。公司治理主题上，*AMA* 影响力远高于所有其他期刊，CNCI 是 7.75，在此主题上，*AMR*、*AMJ*、*ASQ* 和 *JOM* 也都有不错的影响力，CNCI 值都处于领先位置，但是我们也看到专业期刊《产品创新管理杂志》(*Journal Of Product Innovation Management*) 的影响力高于这四个期刊。

通过不同期刊在同一主题上的比较可看出，5 种期刊虽然是学科综合性期刊，但是在选择的几个主题上的影响力表现都很好，不愧是管理学期刊中的佼佼者。同时我们也看到在知识管理主题上的专业期刊《组织研究方法》和公司治理主题上的专业期刊《产品创新管理杂志》的影响力很大。同时我们也发现，AMJ 虽然整体影响力低于其他期刊，但在个别主题上也有很好的表现，比如工作满意度主题。因此，通过 CT 分类体系，不仅可以实现同一主题上选取样本期刊之间的影响力比较，还可以实现与该主题所有期刊的横向比较，发现该主题影响力大的其他期刊。

6.3.3 结论

相比 WOS 分类体系，通过使用论文层次的学科分类体系，可以实现对 5 种期刊从期刊学科范围到期刊主题分布与影响力的分析和评价。5 种期刊涉及的主要学科是管理和经济，但是在性别研究、社会心理和教育及教育研究等其他社会科学领域也有较多的涉及，除此之外，在其他门类也有少量涉及。5 种期刊发文主要集中在工作满意度、知识管理、社会运动和公司治理四个主题，论文比例超过了 75%。但是，具体到各期刊，又有不同。AMA、AMR、AMJ 和 JOM 具有一定的相似性，发文占比最多的主题都是工作满意度，最少的主题都是公司治理。ASQ 发文比例最高的主题是社会运动，而工作满意度发文比例较少。但是与管理学领域所有论文主题分布相比，5 种期刊更倾向发表社会运动方面的文章，尤其是 ASQ。5 种期刊在知识管理主题发文比例高是因为此主题是管理学领域普遍关注的主题，整体论文产出高。同一期刊不同主题的影响力差别很大，发文量高的主题影响力也可能低于该刊平均水平。*AMA*、*AMR*、*AMJ* 和 *ASQ* 几个期刊在社会运动主题不仅发文量高，而且影响力都高于所在期刊平均水平。与管理学所有其他期刊相比，5 种期刊在发文量高的几个主题上的影响力表现都很好，尤其是 *AMA*，在几个主题上的影响力都远远高于其他所有期刊，不愧是管理学领域的顶级期刊。*AMJ* 虽然整体影响力不高，但在个别主题上也有很好的表现。

6.4　本章小结

本章首先概述了期刊学科结构和影响力评价，分析了期刊层次分类体系在期刊学科结构和影响力评价中存在的问题，最后以国际管理学领域 5 种综合性期刊为例研究了算法构建论文层次学科分类体系在期刊学科结构和影响力评价中的应用。相比传统 WOS 分类体系下只能得到 5 种期刊在管理和商业两个学科中的排名和表现，CT 分类体系下，我们可以更精确地获取期刊的学科范围，并且从期刊主题层面分析和评价期刊：从期刊的主题分布得到 5 种期刊发文主题的相似之处与不同之处，以及各期刊的发文主题偏好；通过计算期刊发文主题的影响力可以比较同一期刊上不同主题影响力，发现该刊上影响力大的主题；通过同主题不同期刊影响力对比可以实现样本期刊在某个主题上与所有其他期刊的横向比较，并发现该主题上影响力大的其他专业期刊。因此，通过论文层次的学科分类体系，可实现对期刊更丰富的学科画像，以及在更细的主题层面的分析和评价，而不仅是期刊在某个学科内的排名，对于更全面认识期刊具有重要意义。

第 7 章 总结与讨论

学科分类体系是世界科技、教育研究和管理工作的基础。科学合理的学科分类是学科建设、学术发展和学术交流的重要前提，也是完善中国特色学科体系的必要条件，是认识科学知识，进行学术推广的基础。学科分类体系不仅可以指导各学科均衡、协调发展，也有利于信息资源的整理和检索。学科分类在科学评价中也起着至关重要的作用。学科分类体系对于评价实践中准确划分评价对象的学科范围，客观公正开展学术评价，切实落实中央及相关部委发布的文件中的"分类评价"原则具有重要意义。

传统学科分类体系在使用中存在一些不足：学科分类体系相对稳定、静态，不能及时反映学科结构变化，导致评价实践中新的学科分值和交叉学科评价对象的学科归属难题；主观自上而下分类，学科分类不准确；粒度上不能深入研究主题。随着技术方法的发展，依靠知识间关联关系基于算法构建学科分类体系在科学计量学界备受关注，国际著名数据库商科睿唯安已构建这种分类体系并置于数据平台。对这种学科分类体系的应用展开深入研究，研究其在科学计量学具体应用中的优势和不足，对于后续改进和完善这种学科分类体系以及更广泛的应用具有重要意义。

7.1 主要研究工作与结论

7.1.1 算法构建论文层次学科分类体系的研究述评

本研究梳理了相关研究内容，将算法构建论文层次学科分类体系的发展历程归纳为三个阶段，根据构建流程，从构建数据关系、聚类方法和描述学科领域几个步骤整理了构建方法研究。结合本研究范畴，着重梳理了与其他学科分类体系的比较研究，以及在构建领域数据集、描述学科结构和学科标准化等方面的应用。通过相关研究述评，结合本研究的目的，提出算法构建论文层次学科分类体系应用研究中的不足。特点研究方面，目前通过与其他学科分类体系理论和实证比较后揭示其学科分类特点的研究还比较少，存在的不足有：主要集中在类目规模大小比较或者分类准确性比较；仅限于某个学科或研究主题；缺少基于大规模全学科数据的全面实证比较。应用比较方面主要有以下不足：在构建领域数据集和描述学科结构中的应用较少；对于学科标准化结果的影响研究较少；对评价结果差异产生的原因分析不足；没有通过对比研究了解算法构建论文层次学科分类体系在这些应用中的优势和不足。

7.1.2 算法构建论文层次学科分类体系的特点研究

理论层面，基于比较的视角，从学科分类体系的构建方法出发，详细阐述算法构建学科分类体系与传统学科分类体系在层级结构和更新周期方面的差异，在此基础上总结出算法构建论文层次学科分类体系的特点：基于文献之间的引用关系或者文本相似性，从基本的知识单元出发构建分类体系；可以根据需要形成不同层级的结构；知识的客观展示，可以随着数据的更新而及时更新，时效性较强，可及时反映最新主题、捕捉不断发展变化的科学结构；及时反映传统学科体系间的交叉与融合；不够系统严密，需加注标签，不易验证。

从数据实证比较视角，研究了算法构建论文层次学科分类体系（此处以 CT 为例）的类目特点，以及在反映最新研究领域和传统学科分类体系间知识交叉融合方面的优势。整体来看，CT2 研究主题与 ESI 类目和 WOS 类目有一定相似性，但各学科差异比较大，数学、经济商业等研究主题与传统学科分类体系中的类目比较相似。基于 CT2 研究主题，可以发现 ESI 和 WOS 分类中的生物、医学、化学相关学科的学科集中度都较低，因此 CT2 可以帮助调整或细分这些类目。CT2 中有些研究主题，如数学（9.28 Pure Maths）、粒子物理（5.9 Particles & Fields）、应用统计和概率（9.50 Applied Statistics & Probability）与传统学科分类体系中的类目匹配度高，属于传统的研究领域，没有显示出明显的跨学科性，而有些研究主题则具有较强的跨学科性，如生物光子学和电磁场安全（4.289 Biophotonics & Electromagnetic Field Safety）及风险评估（6.317 Risk Assessment）。因此，算法构建论文层次学科分类体系从知识间关联的视角提供了科学知识间的亲疏远近，有助于重新审视传统学科分类体系的类目，有助于发现跨传统学科的研究领域。

7.1.3　科学计量学中的应用比较

构建领域数据集中的应用比较。以科学计量学研究为例，重点考察算法构建论文层次学科分类体系在构建数据集中的优势和不足。案例研究中分别使用专业期刊和 CT 构建科学计量学领域数据集，研究发现：基于 CT 的检全率高，检索到的文章多，能够涵盖学科领域绝大多数的文章，而且能够检索到许多非本学科领域专业期刊或者综合性期刊上的文章。基于 CT 的检准率虽然不能达到 100%，但也具有很高的检准率。基于 CT 能够很好地识别学科领域的重要文献。因此可以说，基于 CT 构建科学计量学数据集是基本可靠的。但是 CT 分类体系存在文章不能入类、入类不准确、同一主题文章入类不一致的问题，这些都会影响基于 CT 来构建数据集的准确性。

学科标准化中的应用比较。通过案例实证比较了不同学科分类体系下学科标准化结果的一致性和差异性，以及对机构科研影响力评价的影响。案例分析结果显示，不同分类体系得到的整体评价结果具有较高的相似度，但是变换分类体系可能会高估或低估个体机构的科研影响力。算法构建论文层次学科分类体系（尤其是 CT2 和 CT3）与传统学科分类体系在学科标准化过程中差异明显。这是因为传统学科分类体系因为相对稳定不能及时反映社会热点主题（如新冠肺炎疫情）使得跟热点主题相关的学科在传统学科分类体系与算法构建论文层次学科分类体系下的标准化差异比较明显。分类体系的粒度是决定评价结果的重要因素，因此基于学科标准化的评价实践中推荐使用 CT 这种细粒度且能及时反映学科热点主题的分类体系。

期刊学科结构和影响力评价中的应用比较。以国际管理学领域 5 种综合性期刊为例研究了算法构建论文层次学科分类体系在期刊学科结构和影响力评价中的应用。相比传统 WOS 分类体系下只能得到 5 种期刊在管理和商业两个学科中的排名和表现，CT

分类体系下，可以更精确地获取期刊的学科范围，并且从期刊主题层面分析和评价期刊：从期刊的主题分布得到 5 种期刊发文主题的相似之处与不同之处，以及各期刊的发文主题偏好；通过计算期刊发文主题的影响力可以比较同一期刊上不同主题影响力，发现该刊上影响力大的主题；通过同主题不同期刊影响力对比可以实现样本期刊在某个主题上与所有其他期刊的横向比较，并发现该主题上影响力大的其他专业期刊。因此，通过论文层次的学科分类体系，可实现对期刊更丰富的学科画像，以及在更细的主题层面的分析和评价，而不仅是期刊在某个学科内的排名，对于更全面认识期刊具有重要意义。

7.2 主要贡献与创新

7.2.1 充分揭示了各种学科分类体系的特点

深入了解各种学科分类体系的特点是构建更加科学合理的学科分类体系和更广泛应用的前提和基础。通过全学科大规模数据实证比较不仅揭示了算法构建论文层次学科分类体系的类目特点，发现了新兴研究主题、跨传统学科的交叉学科研究主题和传统研究主题，还揭示了传统学科分类体系的类目特点，发现传统学科分类体系中可能存在的问题，如个别类目粒度相对较粗，可能需要进一步调整或细化。

7.2.2 应用比较研究聚焦于科学计量学的三个主要方面

算法构建论文层次学科分类体系起源并主要应用于科学计量

学，本研究将其应用比较聚焦于科学计量学的三个方面：构建领域数据集、描述学科结构和学科标准化，这三个方面不仅涵盖科学计量学的主要分支领域——结构科学计量学和评价科学计量学，而且契合科学计量分析的流程。通过这三个方面的案例比较分析，研究了算法构建论文层次学科分类体系在这些应用中的优势和不足，促进了科学计量学的发展。

7.2.3 丰富和完善了学科分类理论和方法

当前算法构建论文层次学科分类体系相关研究因目的不同而分散于科学计量学各研究领域，没有形成统一的概念。本研究在已有研究基础上首先界定了算法构建论文层次学科分类体系的概念和内涵，系统梳理了发展历程和研究现状，丰富和完善了学科分类理论和方法，拓展了学科分类体系外延。

7.3 研究不足与展望

7.3.1 研究不足

首先，本研究中的所有实证分析都是基于已有的算法构建的论文层次学科分类体系 CT。CT 基于 Web of Science 数据库构建，而 Web of Science 数据库本身收录文献语种、地区和学科的不均衡导致 CT 只能部分反映当前的科学知识结构，并不是一个全面系统的学科分类体系，可能会漏掉某些研究主题，尤其是具有明显地域性质的研究主题。因此，基于 CT 探讨新兴学科或交叉学科研究时就会有所偏颇。

其次，案例选择有待进一步斟酌。本研究主要依据个人的研究侧重点选择案例，如构建领域数据集时选择熟悉的科学计量学。虽然该案例研究最终也揭示出算法构建论文层次学科分类体系在构建领域数据集中的一些优势和不足，但是基于 CT 构建科学计量学领域数据集过程中并没有充分发挥出 CT 的优势。因此，科学计量学案例的选择是否典型、有代表性有待进一步斟酌。

最后，应用场景局限于科学计量学。学科分类体系的应用场景有多种，涉及科学发展、学科建设、信息资源管理、人才培养、科研管理等多个方面。本研究将应用聚焦于科学计量学的三个方面，虽然这三个方面通常也出现于科研管理过程，如科研评价，也可能关系到科学发展和学科建设，但与学科分类体系更广的应用范围相比，应用比较的场景相对比较窄，也就无法归纳总结出更普适性的特征。

7.3.2 研究展望

1. 探索基于深度学习技术构建学科分类体系

当前不管是 CWTS 分类体系，还是 CT，都是基于直接引用关系构建，构建技术方法相对传统。基于深度学习的文档表征技术在构建数据关系方面具有独特优势，但目前主要用于文本分类。未来探索将文档表征方法用于自动聚类前的论文间相似度计算，实现在无学科分类体系前提下自组织构建知识集群。

2. 基于科学数据构建具有中国特色的学科分类体系

目前算法构建的论文层次的学科分类体系主要基于 Web of Science 等国际数据库，反映了当前国际上的科学知识分类，尤其是自然科学领域的知识。但是科学知识除了具有国际普遍性外，也具有一定的地域独特性，尤其是社会科学领域，具有明显的民族性和地域性。在本研究基础上，未来探索基于我国的科学文献数据，利用深度学习等技术，构建具有我国鲜明特色的社会科学学科分类体系，洞悉我国社会科学的知识结构，推动中国特色社会科学学科体系建设。

3. 选择典型案例，探索构建相对完整准确的数据集

本研究显示，基于 CT 构建的数据集中仍然有一定的噪音数据，未来可以研究通过技术方法去除这些噪音数据。同时，选择典型的交叉学科研究领域，如纳米研究，探索基于期刊、词汇、CT 等多种方式相结合构建相对完整准确的数据集。

4. 扩展应用场景，将其应用于学科布局与学科发展规划

学科本身具有的双重内涵，既是对科学知识的分门别类，又是一种通过教学对学生进行的由思考方式到行为规范的科学训练。相应的，学科分类体系本身既是科学知识内在结构和逻辑的知识分类体系的客观反映，但同时又与国家和社会需求相融通，而后者就涉及国家或机构对学科的谋篇布局。传统的学科分类体系是对过去知识的分类，而学科布局需要提前对学科进行谋划，促使某些领域产生更多的知识，因此，用传统学科分类体系来布局谋划学科发展势必滞后。算法构建论文层次学科分类体系在识别新兴学科和交叉学科方面的优势则可弥补传统学科分类体系的不足，用以辅助学科布局中哪些学科作为基础研究领域，哪些学科可以交叉融合解决跨学科问题，哪些学科可以作为新兴研究领域进行培育，为各层级的科研管理部门提供决策依据。

参考文献

[1] 袁曦临. 人文社会科学学科分类体系研究 [D]. 南京：南京大学, 2011.
[2] 俞君立, 陈树年. 文献分类学 [M] 2 版. 武汉：武汉大学出版社, 2015.
[3] 叶继元. 国内外人文社会科学学科体系比较研究 [J]. 学术界, 2008 (5)：34 –46.
[4] GLANZEL W, SCHUBERT A. A New Classification Scheme of Science Fields and Subfields Designed for Scientometric Evaluation Purposes [J]. Scientometrics, 2003, 56 (3)：357 –367.
[5] SUOMINEN A, TOIVANEN H. Map of science with topic modeling：Comparison of unsupervised learning and human – assigned subject classification [J]. Journal of the association for information science and technology, 2016, 67 (10)：2464 –2476.
[6] BU Y, LI M, GU W, et al. Topic diversity：A discipline scheme - free diversity measurement for journals [J]. Journal of the association for information science and technology, 2021, 72 (5)：523 –539.
[7] RAFOLS I, LEYDESDORFF L. Content – based and algorithmic classifications of journals：Perspectives on the dynamics of scientific communication and indexer effects [J]. Journal of the American society for information science and technology, 2009, 60 (9)：1823 –1835.
[8] HAUNSCHILD R, SCHIER H, MARX W, et al. Algorithmically generated subject categories based on citation relations：An empirical micro study

using papers on overall water splitting [J]. Journal of informetrics, 2018, 12 (2): 436-447.

[9] SJOGARDE P, AHLGREN P. Granularity of algorithmically constructed publication-level classifications of research publications: Identification of topics [J]. Journal of informetrics, 2018, 12 (1): 133-152.

[10] SJÖGÅRDE P, AHLGREN P. Granularity of algorithmically constructed publication-level classifications of research publications: Identification of specialties [J]. Quantitative science studies, 2020, 1 (1): 207-238.

[11] SZOMSZOR M, ADAMS J, PENDLEBURY D A, et al. Data categorization: Understanding choices and outcomes [R]. 2021.

[12] 辞海编辑委员会. 辞海 [M]. 上海: 上海辞书出版社, 1999.

[13] SUGIMOTO C R, WEINGART S. The kaleidoscope of disciplinarity [J]. Journal of documentation, 2015, 71 (4): 775-794.

[14] WALTMAN L, VAN ECK N J. A new methodology for constructing a publication-level classification system of science [J]. Journal of the american society for information science and technology, 2012, 63 (12): 2378-2392.

[15] WALTMAN L, VAN ECK N J. Field normalization of scientometric indicators [M] //Handbook of science and technology indicators. Heidelberg, Germany: Springer, 2019: 281-300.

[16] 罗鹏程, 王一博, 王继民. 基于深度预训练语言模型的文献学科自动分类研究 [J]. 情报学报, 2020, 39 (10): 1046-1059.

[17] KLAVANS R, BOYACK K W. Which type of citation analysis generates the most accurate taxonomy of scientific and technical knowledge? [J]. Journal of the association for information science and technology, 2017, 68 (4): 984-998.

[18] 邱均平, 赵蓉英, 董克. 科学计量学 [M]. 北京: 科学出版社, 2016.

[19] GARFIELD E, MALIN M V, SMALL H. A system for automatic classification of scientific literature [J]. Journal of the indian institute of science, 1975, 2 (57): 61 -74.

[20] SMALL H. Co – citation in scientific literature: Anew measure of relationship between two documents [J]. Journal of the American society for information science, 1973, 24 (4): 265 -269.

[21] SMALL H, GRIFFITH B C. The structure of scientific literature I: Identifying and graphing specialties [J]. Science studies, 1974, 1 (4): 17 -40.

[22] GRIFFITH B C, SMALL H, STONEHILL J A, et al. The structure of scientific literatures II: Toward a macro – and microstructure for the science [J]. Science studies, 1974, 4 (4): 339 -365.

[23] SMALL H, SWEENEY E. Clustering the science citation index using co – citations . 1. A comparison of methods [J]. Scientometrics, 1985, 7 (3 – 6): 391 -409.

[24] SMALL H, SWEENEY E, GREENLEE E. Clustering the science citation index using co – citations . 2. Mapping science [J]. Scientometrics, 1985, 8 (5 -6): 321 -340.

[25] MULTILINGUALT T A, BEAUCHESNE O H, CARUSO J. Towards a multilingual, comprehensive and open sceince – metrix [EB/OL]. [2020 - 09 – 10]. https: //science – metrix. com/pdf/Towards _ a _ Multilingual _ Comprehensive_and_Open. pdf.

[26] BOERNER K, KLAVANS R, PATEK M, et al. Design and update of a classification system: The UCSD map of science [J]. PLoS ONE, 2012, 7 (7): e39464.

[27] KLAVANS R, BOYACK K W. Toward an objective, Reliable and accurate method for measuring research leadership [J]. Scientometrics, 2010, 82 (3): 539 -553.

[28] ROSVALL M, BERGSTROM C T. Maps of random walks on complex net-

works reveal community structure [J]. Proc Natl Acad Sci U S A, 2008, 105 (4): 1118 – 1123.

[29] ROSVALL M, BERGSTROM C T. Multilevel compression of random walks on networks reveals hierarchical organization in large integrated systems [J]. PLoS ONE, 2011, 6 (4): e18209.

[30] BASSECOULARD E, ZITT M. Indicators in a research institute: A multi – level classification of scientific journals [J]. Scientometrics, 1999, 44 (3): 323 – 345.

[31] JANSSENS F, ZHANG L, DE MOOR B, et al. Hybrid clustering for validation and improvement of subject – classification schemes [J]. Information processing & management, 2009, 45 (6): 683 – 702.

[32] CHEN C M. Classification of scientific networks using aggregated journal – journal citation relations in the journal citation reports [J]. Journal of the American society for information science and technology, 2008, 59 (14): 2296 – 2304.

[33] LEYDESDORFF L, HAMMARFELT B, SALAH A. The structure of the arts & humanities citation index: a mapping on the basis of aggregated citations among 1, 157 journals [J]. Journal of the american society for information science and technology, 2011, 62 (12): 2414 – 2426.

[34] 张琳. 基于期刊聚类的科学结构研究 [D]. 大连: 大连理工大学, 2010.

[35] 张琳, 梁立明, 刘则渊, 等. 基于期刊聚类与SOOI分类体系的科学结构研究 [J]. 科学学研究, 2012, 30 (9): 1292 – 1300.

[36] 张琳. 期刊混合聚类的学科分类与交叉学科结构研究 [J]. 图书情报工作, 2013, 57 (3): 78 – 84.

[37] BOYACK K W, NEWMAN D, DUHON R J, et al. Clustering more than two million biomedical publications: Comparing the accuracies of nine text – based similarity approaches [J]. PLoS ONE, 2011, 6 (3): e18029.

[38] WALTMAN L, VAN ECK N J. Source normalized indicators of citation impact: An overview of different approaches and an empirical comparison [J]. Scientometrics, 2013, 96 (3): 699-716.

[39] 张静, 刘筱敏, 武丽丽, 等. 基于学科期刊耦合强度的学科分类研究 [J]. 中国科技期刊研究, 2015, 26 (9): 907-914.

[40] ZHANG J, LIU X, WU L. The study of subject-classification based on journal coupling and expert subject-classification system [J]. Scientometrics, 2016, 107 (3): 1149-1170.

[41] LEYDESDORFF L, BORNMANN L, ZHOU P. Construction of a pragmatic base line for journal classifications and maps based on aggregated journal-journal citation relations [J]. Journal of informetrics, 2016, 10 (4): 902-918.

[42] LEYDESDORFF L, BORNMANN L, WAGNER C S. Generating clustered journal maps: An automated system for hierarchical classification [J]. Scientometrics, 2017, 110 (3): 1601-1614.

[43] GOMEZ-NUNEZ A J, VARGAS-QUESADA B, DE MOYA-ANEGON F. Updating the SCImago journal and country rank classification: A new approach using Ward's clustering and alternative combination of citation measures [J]. Journal of the association for information science and technology, 2016, 67 (1): 178-190.

[44] Elsevier. Topic Prominence in Science [EB/OL]. [2022-06-17]. https://www.elsevier.com/solutions/scival/features/topic-prominence-in-science.

[45] SMALL H. Visualizing science by citation mapping [J]. Journal of the American society for information science, 1999, 50 (9): 799-813.

[46] KLAVANS R, BOYACK K W. Quantitative evaluation of large maps of science [J]. Scientometrics, 2006, 68 (3): 475-499.

[47] BOYACK K W. Using detailed maps of science to identify potential collabo-

rations [J]. Scientometrics, 2009, 79 (1): 27 -44.

[48] VAN ECK N J, WALTMAN L. Citation - based clustering of publications using CitNetExplorer and VOSviewer [J]. Scientometrics, 2017, 111 (2): 1053 -1070.

[49] AHLGREN P, CHEN Y, COLLIANDER C, et al. Enhancing direct citations: A comparison of relatedness measures for community detection in a large set of PubMed publications [J]. Quantitative science studies, 2020, 1 (2): 714 -729.

[50] GLANZEL W, THIJS B. Using hybrid methods and "core documents" for the representation of clusters and topics: The astronomy dataset [J]. Scientometrics, 2017, 111 (2): 1071 -1087.

[51] BOYACK K W, KLAVANS R. Accurately identifying topics using text: Mapping PubMed: 23rd International Conference on Science and Technology Indicators (STI 2018 Conference Praeedings) [C], 2018.

[52] LIU X H, GLANZEL W, DE MOOR B. Optimal and hierarchical clustering of large - scale hybrid networks for scientific mapping [J]. Scientometrics, 2012, 91 (2): 473 -493.

[53] LIU X H, YU S, JANSSENS F, et al. Weighted hybrid clustering by combining text mining and bibliometrics on a large - scale journal database [J]. Journal of the American society for information science and technology, 2010, 61 (6): 1105 -1119.

[54] BOYACK K W, KLAVANS R. A comparison of large - scale science models based on textual, Direct citation and hybrid relatedness [J]. Quantitative science studies, 2020, 1 (4): 1570 -1585.

[55] YU D, WANG W, ZHANG S, et al. Hybrid self - optimized clustering model based on citation links and textual features to detect research topics [J]. Plos ONE, 2017, 12 (10): e0187164.

[56] LARIVIERE V, ARCHAMBAULT E, GINGRAS Y, et al. The place of

serials in referencing practices: Comparing natural sciences and engineering with social sciences and humanities [J]. Journal of the American society for information science and technology, 2006, 57 (8): 997 - 1004.

[57] OSSENBLOK T, ENGELS T, SIVERTSEN G. The representation of the social sciences and humanities in the Web of Science - a comparison of publication patterns and incentive structures in Flanders and Norway (2005 - 9) [J]. Research evaluation, 2012, 21 (4): 280 - 290.

[58] EYKENS J, GUNS R, ENGELS T. Article level classification of publications in sociology: an experimental assessment of supervised machine learning approaches [M] //CATALANO G, DARAIO C, GREGORI M, et al. Proceedings of the international conference on scientometrics and informetrics. Leuven: Int Soc Scientometrics & Informetrics - ISSI, 2019: 738 - 743.

[59] THIJS B. Using neural - network based paragraph embeddings for the calculation of within and between document similarities [J]. ScientometricS, 2020, 125 (2): 835 - 849.

[60] EYKENS J, GUNS R, ENGELS T. Clustering social sciences and humanities publications: Can word and document embeddings improve cluster quality? [M] //GLANZEL W, HEEFFER S, CHI P S, et al. Proceedingc of the Internationcol Conference on Sciontometrics and Informetrics. Leu ven: Int Soc Scienfornetrics&Informetrics - ISSI, 2021: 369 - 374.

[61] SHEN Z, CHEN F, YANG L, et al. Node2vec representation for clustering journals and as a possible measure of diversity [J]. Journal of data and information science, 2019, 4 (2): 79 - 92.

[62] EYKENS J, GUNS R, VANDERSTRAETEN R. Subject specialties as interdisciplinary trading grounds: The case of the social sciences and humanities [J]. Scientometrics, 2022.

[63] GLAESER J, GLAENZEL W, SCHARNHORST A. Same data - different

results? Towards a comparative approach to the identification of thematic structures in science [J]. Scientometrics, 2017, 111 (2): 981-998.

[64] AHLGREN P, COLLIANDER C. Document – document similarity approaches and science mapping: Experimental comparison of five approaches [J]. Journal of informetrics, 2009, 3 (1): 49-63.

[65] BOYACK K W, KLAVANS R. Co – Citation analysis, bibliographic coupling, and direct citation: which citation approach represents the research front most accurately? [J]. Journal of the American society for information science and technology, 2010, 61 (12): 2389-2404.

[66] WALTMAN L, BOYACK K W, COLAVIZZA G, et al. A principled methodology for comparing relatedness measures for clustering publications [J]. Quantitative science studies, 2020, 1 (2): 691-713.

[67] TRAAG V A, WALTMAN L, VAN ECK N J. From Louvain to Leiden: Guaranteeing well – connected communities [J]. Scientific reports, 2019 (9).

[68] SUBELJ L, VAN ECK N J, WALTMAN L. Clustering scientific publications based on citation relations: A systematic comparison of different methods [J]. PLOS ONE, 2016, 11 (4).

[69] SJOGARDE P, AHLGREN P, WALTMAN L. Algorithmic labeling in hierarchical classifications of publications: Evaluation of bibliographic fields and term weighting approaches [J]. Journal of the association for information science and technology, 2021, 72 (7): 853-869.

[70] LEYDESDORFF L, MILOJEVIC S. The Citation Impact of German Sociology Journals: Some Problems with the Use of Scientometric Indicators in Journal and Research Evaluations [J]. Soziale welt – zeitschrift fur sozialwissenschaftliche forschung und praxis, 2015, 66 (2): 193-204.

[71] PERIANES – RODRIGUEZ A, RUIZ – CASTILLO J. A comparison of the Web of Science and publication – level classification systems of science

[J]. Journal of informetrics, 2017, 11 (1): 32-45.
[72] 冯璐. 领域分析数据集构建的理论与方法 [D]. 北京: 中国科学院大学, 2007.
[73] HUANG Y, SCHUEHLE J, PORTER A L, et al. A systematic method to create search strategies for emerging technologies based on the Web of Science: Illustrated for "Big Data" [J]. Scientometrics, 2015, 105 (3): 2005-2022.
[74] MILANEZ D H, NOYONS E, DE FARIA L. A delineating procedure to retrieve relevant publication data in research areas: the case of nanocellulose [J]. Scientometrics, 2016, 107 (2): 627-643.
[75] MUNOZ-ECIJA T, VARGAS-QUESADA B, RODRIGUEZ Z C. Coping with methods for delineating emerging fields: Nanoscience and nanotechnology as a case study [J]. Journal of informetrics, 2019, 13 (4).
[76] 闫群娇, 孟平, 沈哲思. 数据驱动的交叉型英文科技期刊青年编委遴选方法——以《数据与情报科学学报（英）》为例 [J]. 中国科技期刊研究, 2021, 32 (11): 1418-1425.
[77] 崔宇红, 王飒, 高晓巍, 等. 基于全域微观模型的研究前沿主题探测和特征分析 [J]. 图书情报工作, 2018, 62 (15): 75-82.
[78] WANG Q, AHLGREN P. Measuring the interdisciplinarity of research topics: 23rd International Conference on Science and Technology Indicators [C], Leiden, 2018.
[79] HAUNSCHILD R, MARX W, FRENCH B, et al. Relationship between field-normalized indicators calculated with different approaches of field-categorization: 23rd International Conference on Science and Technology Indicators (STI 2018) [C], 2018. Leiden University.
[80] HAUNSCHILD R, DANIELS A D, BORNMANN L. Scores of a specific field-normalized indicator calculated with different approaches of field-categorization: Are the scores different or similar? [J]. Journal of infor-

metrics，2022，16（1）．

[81] RUIZ‐CASTILLO J，WALTMAN L. Field‐normalized citation impact indicators using algorithmically constructed classification systems of science [J]. Journal of informetrics，2015，9（1）：102‐117．

[82] PERIANES‐RODRIGUEZ A，RUIZ‐CASTILLO J. The impact of classification systems in the evaluation of the research performance of the Leiden Ranking universities [J]. Journal of the association for information science and technology，2018，69（8）：1046‐1053．

[83] AHLGREN P，COLLIANDER C，SJOGARDE P. Exploring the relation between referencing practices and citation impact：A large‐scale study based on Web of Science data [J]. Journal of the association for information science and technology，2018，69（5）：728‐743．

[84] SHEN Z，TONG S，CHEN F，et al. The utilization of paper‐level classification system on the evaluation of journal impact [J]. 2020．

[85] 中国图书馆分类法编辑委员会．中国图书馆分类法 [G]．北京：国家图书馆出版社，2010．

[86] 张蕊，祖文玲，邱均平，等．2021—2022 世界一流大学与一流学科评价及结果分析 [J]．评价与管理，2021，19（4）：67‐72＋103．

[87] 软科．软科排名 [EB/OL]．[2022‐09‐23]．https：//www.shanghairanking.cn/．

[88] 美国新闻与世界报道．U.S. News 大学排名 [EB/OL]．[2022‐09‐10]．https：//www.usnews.com/rankings．

[89] Statistics U I F. International standard classification of education——Fields of education and training 2013（ISCED‐F 2013）‐Detailed field descriptions [Z]．2013；2020．

[90] OECD 介绍．Frascati Manual 2015 [EB/OL]．[2020‐08‐06]．https：//www.oecd.org/sti/frascati‐manual‐2015‐9789264239012‐en.htm．

[91] 中国科研国际竞争力研究课题组．中国基础研究国际竞争力蓝皮书

2015［M］. 北京：科学出版社，2015.

［92］ANZSRC 分类管理系统［EB/OL］.［2020 – 08 – 06］. http：//aria. stats. govt. nz/aria/#ClassificationVicw：uri = http：//stats. govt. nz/cms/ClassificationVersion/d3TYSTsmz2uc8CY1.

［93］Contistics Canada. Canadian Research and Development Classification（CRDC）2020 Version 1. 0［EB/OL］.［2022 – 04 – 27］. https：//www. statcan. gc. ca/en/subjects/standard/crdc/2020v1/index.

［94］Australion Bureau of Statistics. Australian and New Zealand Standard Research Cassification（ANZSRC）［EB/OL］.［2020 – 08 – 06］. https：//www. abs. gov. au/ausstats/abs@. nsf/mf/1297. 0.

［95］Australinan Reasearch COUCIL ERA 的学科定义［EB/OL］.［2020 – 08 – 06］. https：//www. arc. gov. au/excellence – research – australia.

［96］中华人民共和国国家质量监督检验检疫总局，中国国家标准化管理委员会. GB/T 13745——2009 学科分类与代码［S］. 中国标准出版社，2009.

［97］丁雅娴，莫作钦，徐亭起. 中国学科分类体系研究［J］. 中国软科学，1993（3）：32 – 34.

［98］国务院学位委员会，教育部. 研究生教育学科专业目录管理办法［EB/OL］.［2022 – 09 – 15］www. mce. gov. cn/srcsite/AZZ/moe. 823/202209/t20220914 – 660828. html.

［99］国务院学位委员会，教育部. 研究生教育学科专业目录（2022 年）［EB/OL］.［2022 – 09 – 15］. http：//www. moe. cn/srcsite/A22/moe_833/202209/W020220914572994461110. pdf.

［100］HESA. The Higher Education Classification of Subjects（HECoS）［EB/OL］.［2020 – 08 – 06］. https：//www. hesa. ac. uk/innovation/hecos.

［101］Italian National University Council. 意大利大学研究和教学学科表［EB/OL］.［2020 – 08 – 06］. https：//www. cun. it/uploads/4079/Allegato_CAcademicFieldsandDisciplines. pdf.

[102] ANVUR. VQR 2015 – 2019 [EB/OL]. [2020 – 08 – 06]. https: // www. anvur. it/en/activities/vqr/.

[103] 国家自然科学基金委. 国家自然科学基金申请代码 [EB/OL]. [2020 – 08 – 06]. http: //www. nsfc. gov. cn/publish/portal0/tab550/.

[104] 国家哲学社会科学工作办公室. 国家社会科学基金项目申报学科分类与代码表 [EB/OL]. [2020 – 08 – 06]. http: //www. nopss. gov. cn/n1/2019/1220/c219469 – 31516101. html.

[105] LEYDESDORFF L, RAFOLS I. Indicators of the interdisciplinarity of journals: Diversity, Centrality, and citations [J]. Journal of informetrics, 2011, 5 (1): 87 – 100.

[106] LEYDESDORFF L. Diversity and interdisciplinarity: How can one distinguish and recombine disparity, Variety, and balance? [J]. Scientometrics, 2018 (116): 2113 – 2121.

[107] LEYDESDORFF L, WAGNER C S, BORNMANN L. Interdisciplinarity as diversity in citation patterns among journals: Rao – Stirling diversity, relative variety, And the Gini coefficient [J]. Journal of informetrics, 2019, 13 (1): 255 – 269.

[108] GUNS R, SILE L, EYKENS J, et al. A comparison of cognitive and organizational classification of publications in the social sciences and humanities [J]. Scientometrics, 2018, 116 (2): 1093 – 1111.

[109] KLAVANS R, BOYACK K W. Toward a consensus map of science [J]. Journal of the American society for information science and technology, 2009, 60 (3): 455 – 476.

[110] KLAVANS R, BOYACK K W. Is there a convergent structure of science? A comparison of maps using the ISI and Scopus databases: The 11th International Conference of the International Society for Scientometrics and Informetrics [C], Madrid, Spain.

[111] RAVIKUMAR S, AGRAHARI A, SINGH S N. Mapping the intellectual

structure of scientometrics: A co – word analysis of the journal Scientometrics (2005—2010) [J]. Scientometrics, 2015, 102 (1): 929 – 955.

[112] HUANG C, NOTTEN A, RASTERS N. Nanoscience and technology publications and patents: A review of social science studies and search strategies [J]. Journal of technology transfer, 2011, 36 (2): 145 – 172.

[113] CHEN C M, SONG M. Visualizing a field of research: A methodology of systematic scientometric reviews [J]. PLOS ONE, 2019, 14 (10).

[114] HUANG Y, SCHUEHLE J, PORTER A L, et al. A systematic method to create search strategies for emerging technologies based on the Web of Science: Illustrated for "Big Data" [J]. Scientometrics, 2015, 105 (3): 2005 – 2022.

[115] SHAPIRA P, KWON S, YOUTIE J. Tracking the emergence of synthetic biology [J]. Scientometrics, 2017, 112 (3): 1439 – 1469.

[116] WANG Z N, PORTER A L, KWON S, et al. Updating a search strategy to track emerging nanotechnologies [J]. Journal of nanoparticle research, 2019, 21 (9).

[117] LIU N, SHAPIRA P, YUE X X. Tracking developments in artificial intelligence research: Constructing and applying a new search strategy [J]. Scientometrics, 2021, 126 (4): 3153 – 3192.

[118] 刘则渊, 侯海燕. 国际科学计量学研究力量分布现状之计量分析 [J]. 科学学研究, 2005 (S1): 35 – 41.

[119] 赵蓉英, 魏明坤. 可视化图谱视角下的国内外科学计量学比较 [J]. 图书馆论坛, 2017, 37 (1): 56 – 65.

[120] 杨思洛, 邱均平. 国内外科学计量学研究进展与趋势分析 (2012—2016) (二) [J]. 评价与管理, 2019, 17 (4): 17 – 26 + 32.

[121] 杨思洛, 王雨. 改革开放以来中国科学计量学研究现状及发展态势 [J]. 信息与管理研究, 2020, 5 (Z2): 32 – 41.

[122] 田沛霖, 赵蓉英, 常茹茹, 等. 信息计量学研究的知识结构与发展

态势 [J]. 情报科学, 2022, 40 (7): 186-193.

[123] 邱均平, 马悦, 舒非. 从近 10 年 ISSI 会议论文看国际科学计量学与信息计量学的发展 [J]. 信息与管理研究, 2020, 5 (Z2): 1-15.

[124] WALTMAN L. A review of the literature on citation impact indicators [J]. Journal of informetrics, 2016, 10 (2): 365-391.

[125] BIHARI A, TRIPATHI S, DEEPAK A. A review on h-index and its alternative indices [J]. Journal of information science, 2021.

[126] 陈仕吉, 史丽文, 李冬梅, 等. 论文被引频次标准化方法述评 [J]. 现代图书情报技术, 2012 (4): 54-60.

[127] 张志辉. 论文影响力的线性学科标准化方法研究 [D]. 上海: 上海交通大学, 2015.

[128] 周群, 左文革. 论文被引频次标准化方法研究进展 [J]. 情报科学, 2018, 36 (2): 171-176.

[129] WALTMAN L, VAN ECK N J, VAN LEEUWEN T N, et al. Towards a new crown indicator: Some theoretical considerations [J]. Journal of informetrics, 2011, 5 (1): 37-47.

[130] WALTMAN L, VAN ECK N J, VAN LEEUWEN T N, et al. Towards a new crown indicator: An empirical analysis [J]. Scientometrics, 2011, 87 (3): 467-481.

[131] LUNDBERG J. Lifting the crown—citation z-score [J]. Journal of informetrics, 2007, 1 (2): 145-154.

[132] 科睿唯安. Introducing the Journal Citation Indicator [EB/OL]. [2022-07-06]. https://clarivate.com/wp-content/uploads/dlm_uploads/2021/05/Journal-Citation-Indicator-discussion-paper-2.pdf.

[133] WALTMAN L, VAN ECK N J. A systematic empirical comparison of different approaches for normalizing citation impact indicators [J]. Journal of Informetrics, 2013, 7 (4): 833-849.

[134] ZITT M, SMALL H. Modifying the journal impact factor by fractional cita-

tion weighting: The audience factor [J]. Journal of the American society for information science and technology, 2008, 59 (11): 1856 –1860.

[135] LEYDESDORFF L, OPTHOF T. Scopus's Source Normalized Impact per Paper (SNIP) Versus a Journal Impact Factor Based on Fractional Counting of Citations [J]. Journal of the American society for information science and technology, 2010, 61 (11): 2365 –2369.

[136] MOED H F. Measuring contextual citation impact of scientific journals [J]. Journal of informetrics, 2010, 4 (3): 265 –277.

[137] WALTMAN L, VAN ECK N J, VAN LEEUWEN T N, et al. Some modifications to the SNIP journal impact indicator [J]. Journal of Informetrics, 2013, 7 (2): 272 –285.

[138] WANG Q, WALTMAN L. Large –scale analysis of the accuracy of the journal classification systems of Web of Science and Scopus [J]. Journal of informetrics, 2016, 10 (2): 347 –364.

[139] VAN ECK N J, WALTMAN L, VAN RAAN A, et al. Citation analysis may severely underestimate the impact of clinical research as compared to basic research [J]. PLOS ONE, 2013, 8 (4).

[140] VAN LEEUWEN T N, MEDINA C C. Redefining the field of economics: Improving field normalization for the application of bibliometric techniques in the field of economics [J]. Research Evaluation, 2012, 21: 61 –70.

[141] LEYDESDORFF L, BORNMANN L. The operationalization of "fields" as WoS subject categories (WCs) in evaluative bibliometrics: The cases of "library and information science" and "science & technology studies" [J]. Journal of the association for information science and technology, 2016, 67 (3): 707 –714.

[142] LI Y, RUIZ –CASTILLO J. The comparison of normalization procedures based on different classification systems [J]. Journal of informetrics, 2013, 7 (4): 945 –958.

[143] 臧莉娟, 叶继元, 唐振贵. 中国哲学社会科学学术期刊结构与布局再研究 (2007—2017) [J]. 出版科学, 2018, 26 (5): 39 – 45.

[144] 叶继元. 中国哲学社会科学学术期刊学科结构分析 [J]. 清华大学学报 (哲学社会科学版), 2008 (4): 126 – 144 + 160.

[145] 张楠, 黄新. 教育学期刊结构布局的国内外比较研究——基于 SSCI 和 CSSCI 的分析 [J]. 中国科技期刊研究, 2019, 30 (5): 551 – 558.

[146] 张广萌, 张莉, 陈禾, 等. 国外典型高校出版社期刊学科专业布局对比研究及启示 [J]. 中国科技期刊研究, 2022, 33 (6): 806 – 812.

[147] 朱蔚, 胡升华, 周洲, 等. 2013—2018 年我国新创办科技期刊统计分析 [J]. 中国科技期刊研究, 2020, 31 (5): 598 – 604.

[148] 陈义报, 高俊娥. "中国科技期刊卓越行动计划"高起点新刊基本特征及发展建议 [J]. 中国科技期刊研究, 2022, 33 (7): 988 – 994.

[149] 廖宇. 我国英文科技期刊学科布局研究 [D]. 北京: 中国科学院大学, 2022.

[150] ACKERSON L G, CHAPMAN K. Identifying the role of multidisciplinary journals in scientific research [J]. College & research libraries, 2003, 64 (6): 468 – 478.

[151] DING J L, AHLGREN P, YANG L Y, et al. Disciplinary structures in Nature, Science and PNAS: Journal and country levels [J]. Scientometrics, 2018, 116 (3): 1817 – 1852.

[152] MILOJEVIC S. Nature, Science, and PNAS: disciplinary profiles and impact [J]. Scientometrics, 2020, 123 (3): 1301 – 1315.

[153] 张慧玲, 董坤, 许海云. 学术期刊影响力评价方法研究进展 [J]. 图书情报工作, 2018, 62 (16): 132 – 143.

[154] 杨畅, 翁彦琴, 马建华. 基于文献计量学方法的中国化学学科 SCI 收录期刊发展态势分析 [J]. 中国科技期刊研究, 2020, 31 (2): 215 – 222.

[155] 黄英娟, 孟令艳, 翁彦琴. 我国中英文化学科技期刊的影响力评价指

标分析与启示［J］.中国科技期刊研究，2022，33（3）：371-381.
[156] 王欣欣，李长玲，栾锟，等.学科期刊影响力评价新视角：期刊动能 ——以图书情报领域为例［J］.情报理论与实践，2022：1-10.
[157] 宋宜嘉，楼雯，赵星.基于布里渊指数的期刊多维度影响力多样性测度［J］.图书馆建设，2022：1-17.

附　表

附表1　抽取的119篇文章是否属于科学计量学研究的人工判断结果

结果	论文标题	来源	出版年
是	A revealed preference study of management journals' direct influences	STRATEGIC MANAGEMENT JOURNAL	1999
是	Defining and identifying Sleeping Beauties in science	PROCEEDINGS OF THE NATIONAL ACADEMY OF SCIENCES OF THE UNITED STATES OF AMERICA	2015
是	The top – ten in journal impact factor manipulation	ARCHIVUM IMMUNOLOGIAE ET THERAPIAE EXPERIMENTALIS	2008
是	CREATIVITY AND CONFORMITY IN SCIENCE – TITLES, KEYWORDS AND CO – WORD ANALYSIS	SOCIAL STUDIES OF SCIENCE	1989
是	Improving the culture of interdisciplinary collaboration in ecology by expanding measures of success	FRONTIERS IN ECOLOGY AND THE ENVIRONMENT	2014
是	SPONSORSHIP AND ACADEMIC CAREER SUCCESS	JOURNAL OF HIGHER EDUCATION	1981

续表

结果	论文标题	来源	出版年
是	Author self – citation in the diabetes literature	CANADIAN MEDICAL ASSOCIATION JOURNAL	2004
是	Is There a Relationship between Research Sponsorship and Publication Impact? An Analysis of Funding Acknowledgments in Nanotechnology Papers	PLOS ONE	2015
是	Gender Gap or Gender Bias in Peace Research? Publication Patterns and Citation Rates for Journal of Peace Research, 1983—2008	INTERNATIONAL STUDIES PERSPECTIVES	2013
是	Scholarly communication and possible changes in the context of social media A Finnish case study	ELECTRONIC LIBRARY	2011
是	A Case Study of the Modified Hirsch Index h (m) Accounting for Multiple Coauthors	JOURNAL OF THE AMERICAN SOCIETY FOR INFORMATION SCIENCE AND TECHNOLOGY	2009
是	Revisiting 'obsolescence' and journal article 'decay' through usage data: an analysis of digital journal use by year of publication	INFORMATION PROCESSING & MANAGEMENT	2005
是	THE EMERGENCE OF THE COLON – AN EMPIRICAL CORRELATE OF SCHOLARSHIP	AMERICAN PSYCHOLOGIST	1981
是	Fifty years of Transportation Research journals: A bibliometric overview	TRANSPORTATION RESEARCH PART A – POLICY AND PRACTICE	2019

续表

结果	论文标题	来源	出版年
是	A Bibliometric Analysis of Top - Cited Journal Articles in Obstetrics and Gynecology	JAMA NETWORK OPEN	2019
是	A citation and profiling analysis of pricing research from 1980 to 2010	JOURNAL OF BUSINESS RESEARCH	2012
是	An empirical assessment of influences on POM research	OMEGA - INTERNATIONAL JOURNAL OF MANAGEMENT SCIENCE	1996
是	Invention profiles and uneven growth in the field of emerging nano - energy	ENERGY POLICY	2015
是	Determinants of the citation rate of medical research publications from a developing country	SPRINGERPLUS	2014
是	A bibliometric perspective of learning analytics research landscape	BEHAVIOUR & INFORMATION TECHNOLOGY	2018
是	The Role of Positive and Negative Citationsin Scientific Evaluation	IEEE ACCESS	2017
是	Monotone measures and universal integrals in a uniform framework for the scientific impact assessment problem	INFORMATION SCIENCES	2014
是	Interdisciplinarity and research on local issues: evidence from a developing country	RESEARCH EVALUATION	2014
是	JOURNAL PRODUCTIVITY DISTRIBUTION - QUANTITATIVE STUDY OF DYNAMIC BEHAVIOR	JOURNAL OF THE AMERICAN SOCIETY FOR INFORMATION SCIENCE	1992

续表

结果	论文标题	来源	出版年
是	Pathological publishing: A new psychological disorder with legal consequences?	EUROPEAN JOURNAL OF PSYCHOLOGY APPLIED TO LEGAL CONTEXT	2014
是	Peer review in forensic science	FORENSIC SCIENCE INTERNATIONAL	2017
是	TOWARD GREATER UNDERSTANDING OF FACULTY RESEARCH COLLABORATION	REVIEW OF HIGHER EDUCATION	1995
是	AN EXAMINATION OF TRENDS AND IMPACT OF AUTHORSHIP COLLABORATION IN LOGISTICS RESEARCH	JOURNAL OF BUSINESS LOGISTICS	2010
是	Gender and Editorial Outcomes at the American Political Science Review	PS - POLITICAL SCIENCE & POLITICS	2018
是	Piracy of scientific papers in Latin America: An analysis of Sci - Hub usage data	INFORMATION DEVELOPMENT	2016
是	AN EXAMINATION OF THE SCHOLARLY PRODUCTIVITY OF SOCIAL - WORK JOURNAL EDITORIAL - BOARD MEMBERS AND GUEST REVIEWERS	RESEARCH ON SOCIAL WORK PRACTICE	1995
是	Mobilizing for change: A study of research units in emerging scientific fields	RESEARCH POLICY	2012

续表

结果	论文标题	来源	出版年
是	Using citation analysis to pursue a core collection of journals for communication disorders	LIBRARY RESOURCES & TECHNICAL SERVICES	2001
是	eHealth and health informatics competences: A systemic analysis of literature production based on bibliometrics	KYBERNETES	2018
是	On the relationship between the student-advisor match and early career research productivity for agricultural and resource economics Ph. D. S	AMERICAN JOURNAL OF AGRICULTURAL ECONOMICS	2007
是	An examination of leading mental health journals for evidence to inform evidence-based practice	PSYCHIATRIC SERVICES	2004
是	Publication Patterns of US Academic Librarians and Libraries from 2003 to 2012	COLLEGE & RESEARCH LIBRARIES	2017
是	Citation analysis of nanotechnology at the field level: implications of R&D evaluation	RESEARCH EVALUATION	2010
是	THE EFFECT OF THEORY GROUP ASSOCIATION ON THE EVALUATIVE CONTENT OF BOOK REVIEWS IN SOCIOLOGY	AMERICAN SOCIOLOGIST	1981
是	IMPACT AND SCHOLARLINESS IN ARTS AND HUMANITIES BOOK REVIEWS - A CITATION ANALYSIS	PROCEEDINGS OF THE AMERICAN SOCIETY FOR INFORMATION SCIENCE	1984

续表

结果	论文标题	来源	出版年
是	AN EMPIRICAL – EXAMINATION OF THE EXISTING MODELS FOR BRADFORD LAW	INFORMATION PROCESSING & MANAGEMENT	1990
是	Scholarly Investigation Into Otitis Media: Who Is Receiving Funding Support From the National Institutes of Health?	LARYNGOSCOPE	2015
是	Half a century of computer methods and programs in biomedicine: A bibliometric analysis from 1970 to 2017	COMPUTER METHODS AND PROGRAMS IN BIOMEDICINE	2020
是	A cross – sectional study of predatory publishing emails received by career development grant awardees	BMJ OPEN	2019
是	Scholarly databases under scrutiny	JOURNAL OF LIBRARIANSHIP AND INFORMATION SCIENCE	2020
是	INTERDISCIPLINARY INTEGRATION WITHIN TECHNOLOGY ASSESSMENTS	KNOWLEDGE – CREATION DIFFUSION UTILIZATION	1981
是	Authors and publication practices	SCIENCE AND ENGINEERING ETHICS	2006
是	The language of medicine in Switzerland from 1920 to 1995	SCHWEIZERISCHE MEDIZINISCHE WOCHENSCHRIFT	1997
是	RELATIONSHIP BETWEEN THE IMPACT OF LATIN AMERICAN ARTICLES ON MANAGEMENT AND THE LANGUAGE IN WHICH THEY APPEAR	INTERCIENCIA	2014

续表

结果	论文标题	来源	出版年
是	Bibliometry of Costa Rica biodiversity studies published in the Revista de Biologia Tropical/International Journal of Tropical Biology and Conservation (2000—2010): the content and importance of a leading tropical biology journal in its 60th Anniversary	REVISTA DE BIOLOGIA TROPICAL	2012
是	UNDERGRADUATE PERIODICALS USAGE – A MODEL OF MEASUREMENT	SERIALS LIBRARIAN	1984
是	Scholarly Journal Publishing and Open Access in South Korea	SERIALS REVIEW	2012
是	Main path analysis on cyclic citation networks	JOURNAL OF THE ASSOCIATION FOR INFORMATION SCIENCE AND TECHNOLOGY	2020
是	Duality revisited: Construction of fractional frequency distributions based on two dual Lotka laws	JOURNAL OF THE AMERICAN SOCIETY FOR INFORMATION SCIENCE AND TECHNOLOGY	2002
是	Academic publishing and open access	HANDBOOK ON THE DIGITAL CREATIVE ECONOMY	2013
是	The effects of scientific regional opportunities in science – technology flows: Evidence from scientific literature in firms patent data	ANNALS OF REGIONAL SCIENCE	2005
是	Research Performance and University – Industry – Government Funding Sources in Taiwan's Technological and Vocational Universities	INNOVATION – MANAGEMENT POLICY & PRACTICE	2016

续表

结果	论文标题	来源	出版年
是	MEASURING SOCIETAL IMPACTS OF RESEARCH WITH ALTMETRICS? COMMON PROBLEMS AND MISTAKES	JOURNAL OF ECONOMIC SURVEYS	2020
是	Evaluating the potential effect of the increased importance of the impact component in the Research Excellence Framework of the UK	BRITISH EDUCATIONAL RESEARCH JOURNAL	2019
是	Bibliometric Analysis of 100 Top – Cited Articles in Gastric Disease	BIOMED RESEARCH INTERNATIONAL	2020
是	The Effects of Research Resources on International Collaboration in the Astronomy Community	JOURNAL OF THE ASSOCIATION FOR INFORMATION SCIENCE AND TECHNOLOGY	2016
是	Retrieval of very large numbers of items in the Web of Science: an exercise to develop accurate search strategies	PROFESIONAL DE LA INFORMACION	2009
是	OBSTETRICAL RESEARCH IN THE NETHERLANDS IN THE 19TH – CENTURY	MEDICAL HISTORY	1987
是	How online usage of subscription – based journalism and mass communication research journal articles predicts citations	LEARNED PUBLISHING	2016
是	Defining regional research priorities: a new approach	SCIENCE AND PUBLIC POLICY	2009

续表

结果	论文标题	来源	出版年
是	Archiving of publicly funded research data: A survey of Canadian researchers	GOVERNMENT INFORMATION QUARTERLY	2008
是	Using journal use study feedback to improve accessibility	ELECTRONIC LIBRARY	2007
是	TRENDING AND MAPPING THE INTELLECTUAL STRUCTURE OF SOCIAL BEHAVIOR STUDIES: A STUDY OF THE SOCIAL BEHAVIOR AND PERSONALITY JOURNAL	SOCIAL BEHAVIOR AND PERSONALITY	2010
是	Rural - urban studies: A macro analyses of the scholarship terrain	HABITAT INTERNATIONAL	2020
是	Organizational communication research trends: Contributions by Spanish authors in indexed journals (2014—2018)	PROFESIONAL DE LA INFORMACION	2019
是	Is the trend to publish reviews and clinical trials related to the journal impact factor? Analysis in dentistry field	ACCOUNTABILITY IN RESEARCH - POLICIES AND QUALITY ASSURANCE	2019
是	Collaboration Pattern and Topic Analysis on Intelligence and Security Informatics Research	IEEE INTELLIGENT SYSTEMS	2014
是	An empirical study of the per capita yield of science Nobel prizes: is the US era coming to an end?	ROYAL SOCIETY OPEN SCIENCE	2018

续表

结果	论文标题	来源	出版年
是	Worldwide research output trends on drinking and driving from 1956 to 2015	ACCIDENT ANALYSIS AND PREVENTION	2020
是	The non–Gaussian nature of bibliometric and scientometric distributions: A new approach to interpretation	JOURNAL OF THE AMERICAN SOCIETY FOR INFORMATION SCIENCE AND TECHNOLOGY	2001
是	Research on the Credibility of Social Media Information Based on User Perception	SECURITY AND COMMUNICATION NETWORKS	2021
是	Partial Perspectives in Astronomy: Gender, Ethnicity, Nationality and Meshworks in Building Images of the Universe and Social Worlds	INTERDISCIPLINARY SCIENCE REVIEWS	2012
是	METHODOLOGICAL RIGOR AND REVIEW CITATION FREQUENCY IN PATIENT COMPLIANCE LITERATURE	JOURNAL OF DOCUMENTATION	1983
是	How to run a successful Journal	PAKISTAN JOURNAL OF MEDICAL SCIENCES	2017
是	Empirical evidence for the relevance of fractional scoring in the calculation of percentile rank scores	JOURNAL OF THE AMERICAN SOCIETY FOR INFORMATION SCIENCE AND TECHNOLOGY	2013
是	Citation practices amongst trainee teachers as reflected in their project papers	MALAYSIAN JOURNAL OF LIBRARY & INFORMATION SCIENCE	2009

续表

结果	论文标题	来源	出版年
是	Applications of Social Network Analysis	HANDBOOK OF SOCIAL NETWORK TECHNOLOGIES AND APPLICATIONS	2010
是	A PROCEDURE FOR COMPARING DOCUMENTATION LANGUAGE APPLICATIONS – THE TRANSFORMED ZIPF CURVE	INTERNATIONAL CLASSIFICATION	1982
是	Tweets and Quacks: Network and Content Analyses of Providers of Non – Science – Based Anticancer Treatments and Their Supporters on Twitter	SAGE OPEN	2021
是	The critical issue of knowledge transfer and dissemination: a French perspective	LANDSCAPE RESEARCH	2017
是	Simultaneous and comparable numerical indicators of international, national and local collaboration practices in English – medium astrophysics research papers	INFORMATION RESEARCH – AN INTERNATIONAL ELECTRONIC JOURNAL	2016
是	Profile and analysis of scientific production of Brazilian researchers in Clinical Neurosciences	REVISTA DE PSIQUIATRIA CLINICA	2013
是	Open Access and Promotion and Tenure Evaluation Plans at the University of Wisconsin – Eau Claire	SERIALS REVIEW	2017

续表

结果	论文标题	来源	出版年
是	Institute for Scientific Information – indexed biomedical journals of Saudi Arabia Their performance from 2007—2014	SAUDI MEDICAL JOURNAL	2016
是	End of the brain drain could be in sight	NATURE	1999
是	Croatian Social Scientists' Productivity and a Bibliometric Study of Sociologists' Output	SOCIOLOGIJA I PROSTOR	2010
是	Analysis of the influence of the International Journal of Electrical Engineering Education on electrical engineering and electrical engineering education	INTERNATIONAL JOURNAL OF ELECTRICAL ENGINEERING EDUCATION	2013
是	ABFR – INDEX: CORRELATION BETWEEN "SOCCER" SCIENTIFIC PRODUCTION AND RANKING	REVISTA INTERNACIONAL DE MEDICINA Y CIENCIAS DE LA ACTIVIDAD FISICA Y DEL DEPORTE	2014
是	"Here be dragons!" The gross under – representation of the Global South on editorial boards in Geography	GEOGRAPHICAL JOURNAL	2021
是	UNCERTAINTY QUANTIFICATION OF SCIENTIFIC PROPOSAL EVALUATIONS	INTERNATIONAL JOURNAL FOR UNCERTAINTY QUANTIFICATION	2016

续表

结果	论文标题	来源	出版年
是	Retrospective analysis of the Spanish Journal of Finance and Accounting (1985—2011): Authors, subjects, citations and quality perception	REVISTA ESPANOLA DE FINANCIACION Y CONTABILIDAD - SPANISH JOURNAL OF FINANCE AND ACCOUNTING	2011
是	On the evaluation methods for scientific journals	MADERA Y BOSQUES	2015
是	Integration by Parts: Collaboration and Topic Structure in the CogSci Community	TOPICS IN COGNITIVE SCIENCE	2021
是	Harnessing the True Power of Altmetrics to Track Engagement	JOURNAL OF KOREAN MEDICAL SCIENCE	2021
是	Assessing the impact of indigenous research on the library and information studies literature	INFORMATION RESEARCH - AN INTERNATIONAL ELECTRONIC JOURNAL	2017
否	Improving the scholarly quality of Social Work's editorial board and consulting editors: A professional obligation	RESEARCH ON SOCIAL WORK PRACTICE	1999
否	IMPORTANCE OF FACTORS IN THE REVIEW OF GRANT PROPOSALS	JOURNAL OF APPLIED PSYCHOLOGY	1986
否	When Apollinaire, Malraux and Bonnefoy write about art	ESPRIT CREATEUR	1996
否	Exporting China's Scholarly Books: Current Conditions for Chinese Publishers	JOURNAL OF SCHOLARLY PUBLISHING	2020

续表

结果	论文标题	来源	出版年
否	THE ENVIRONMENTAL DISPLAY MANAGER – A TOOL FOR WATER – QUALITY DATA INTEGRATION	WATER RESOURCES BULLETIN	1991
否	THE SPANISH PERCEPTION OF EUROPEAN CONFLICTS	REVISTA DE OCCIDENTE	1986
否	Rethinking the tenure process – The influences and consequences of power and culture	JOURNAL OF MANAGEMENT INQUIRY	1996
否	MUSLS – A MULTIMEDIA, MULTIDISCIPLINE DATABASE .1. DEFINING REQUIREMENTS, SELECTING THE SYSTEM AND INITIAL DEVELOPMENT	PROGRAM – AUTOMATED LIBRARY AND INFORMATION SYSTEMS	1993
否	HIGHER – EDUCATION AS A POLITICAL ISSUE AREA – A COMPARATIVE VIEW OF FRANCE, SWEDEN AND THE UNITED – KINGDOM	HIGHER EDUCATION	1980
否	CHALLENGES AND PRESSURES FACING THE ACADEMIC PROFESSION IN SOUTH AFRICA	DECLINE OF THE GURU: THE ACADEMIC PROFESSION IN DEVELOPING AND MIDDLE – INCOME COUNTRIES	2003
否	The cognition dimension of theory change in Kuhn's philosophy of science	STUDIES IN HISTORY AND PHILOSOPHY OF SCIENCE	2007

续表

结果	论文标题	来源	出版年
否	THE RESEARCH GRANT APPLICATION PROCESS – LEARNING FROM FAILURE – COMMENT	HIGHER EDUCATION	1993
否	Single Versus Double – Sided Hypotheses and Probabilities	PEDIATRIC EMERGENCY CARE	2021
否	Proposal of fingering detection method for touch typing learning support system	JOURNAL OF ADVANCED MECHANICAL DESIGN SYSTEMS AND MANUFACTURING	2021
否	MULTIPLYING SCIENCES: ETHNOGRAPHIC STUDIES ABOUT SCIENTIFIC WORK IN PHYSICAL EDUCATION	MOVIMENTO	2019
否	Epilogue: key considerations in surgical publishing	BRITISH JOURNAL OF SURGERY	2000
否	DISTINCTION IN PSYCHOLOGY AND THE ALMA MATER	JOURNAL OF PSYCHOLOGY	1980
否	CRIMINAL – JUSTICE DOCTORATE EDUCATION – SOME OBSERVATIONS ON STUDENT EXPECTATIONS	JOURNAL OF CRIMINAL JUSTICE	1987
否	ADJUNCT FACULTY – COLLECTIVE – BARGAINING AND AFFIRMATIVE – ACTION PERSONNEL POLICIES AND PROCEDURES	JOURNAL OF THE COLLEGE AND UNIVERSITY PERSONNEL ASSOCIATION	1982

附表 2　D_J 中 Top50 高被引文章

论文标题	作者	来源	出版年	被引频次	CT3
Software survey: VOSviewer, a computer program for bibliometric mapping	van Eck, Nees Jan; Waltman, Ludo	SCIENTOMETRICS	2010	3097	6.238.166 Bibliometrics
Citation review of Lagergren kinetic rate equation on adsorption reactions	Ho, YS	SCIENTOMETRICS	2004	1260	2.90.27 Adsorption
Theory and practise of the g–index	Egghe, Leo	SCIENTOMETRICS	2006	1017	6.238.166 Bibliometrics
bibliometrix: An R–tool for comprehensive science mapping analysis	Aria, Massimo; Cuccurullo, Corrado	JOURNAL OF INFORMETRICS	2017	967	6.238.166 Bibliometrics
The journal coverage of Web of Science and Scopus: a comparative analysis	Mongeon, Philippe; Paul–Hus, Adele	SCIENTOMETRICS	2016	802	6.238.166 Bibliometrics
A unified approach to mapping and clustering of bibliometric networks	Waltman, Ludo; van Eck, Nees Jan; Noyons, Ed C. M.	JOURNAL OF INFORMETRICS	2010	588	6.238.166 Bibliometrics

续表

论文标题	作者	来源	出版年	被引频次	CT3
CO – WORD ANALYSIS AS A TOOL FOR DESCRIBING THE NETWORK OF INTERACTIONS BETWEEN BASIC AND TECHNOLOGICAL RESEARCH – THE CASE OF POLYMEF CHEMISTRY	Callon, M.; Courtial, JP; Laville, F.	SCIENTOMETRICS	1991	587	6.238.166 Bibliometrics
Negative results are disappearing from most disciplines and countries	Fanelli, Daniele	SCIENTOMETRICS	2012	513	1.155.611 Evidence Based Medicine
Mapping the backbone of science	Boyack, KW; Klavans, R.; Borner, K.	SCIENTOMETRICS	2005	487	6.238.166 Bibliometrics
An approach for detecting, quantifying, and visualizing the evolution of a research field: A practical application to the Fuzzy Sets Theory field	Cobo, M. J.; Lopez – Herrera, A. G.; Herrera – Viedma, E.; Herrera, F.	JOURNAL OF INFORMETRICS	2011	462	6.238.166 Bibliometrics

续表

论文标题	作者	来源	出版年	被引频次	CT3
h-Index: A review focused in its variants, computation and standardization for different scientific fields	Alonso, S.; Cabrerizo, F. J.; Herrera-Viedma, E.; Herrera, F.	JOURNAL OF INFORMETRICS	2009	432	6.238.166 Bibliometrics
Google Scholar, Scopus and the Web of Science: a longitudinal and cross-disciplinary comparison	Harzing, Anne-Wil; Alakangas, Satu	SCIENTOMETRICS	2016	422	6.238.166 Bibliometrics
National characteristics in international scientific co-authorship relations	Glanzel, W.	SCIENTOMETRICS	2001	418	6.238.166 Bibliometrics
Bibliometric monitoring of research performance in the social sciences and the humanities: A review	Nederhof, AJ	SCIENTOMETRICS	2006	414	6.238.166 Bibliometrics
A review of the literature on citation impact indicators	Waltman, Ludo	JOURNAL OF INFORMETRICS	2016	410	6.238.166 Bibliometrics
The rate of growth in scientific publication and the decline in coverage provided by Science Citation Index	Larsen, Peder Olesen; von Ins, Markus	SCIENTOMETRICS	2010	403	6.238.166 Bibliometrics
Fatal attraction: Conceptual and methodological problems in the ranking of universities by bibliometric methods	van Raan, AFJ	SCIENTOMETRICS	2005	395	6.238.166 Bibliometrics

续表

论文标题	作者	来源	出版年	被引频次	CT3
Is science becoming more interdisciplinary? Measuring and mapping six research fields over time	Porter, Alan L.; Rafols, Ismael	SCIENTOMETRICS	2009	388	6.238.166 Bibliometrics
Comparison of the Hirsch – index with standard bibliometric indicators and with peer judgment for 147 chemistry research groups	van Raan, Anthony F. J.	SCIENTOMETRICS	2006	378	6.238.166 Bibliometrics
Google Scholar, Web of Science, and Scopus: A systematic comparison of citations in 252 subject categories	Martin – Martin, Alberto; Orduna – Malea, Enrique; Thelwall, Mike; Delgado Lopez – Cozar, Emilio	JOURNAL OF INFORMETRICS	2018	368	6.238.166 Bibliometrics
Approaches to understanding and measuring interdisciplinary scientific research (IDR): A review of the literature	Wagner, Caroline S.; Roessner, J. David; Bobb, Kamau; Klein, Julie Thompson; Boyack, Kevin W.; Keyton, Joann; Rafols, Ismael; Boerner, Katy	JOURNAL OF INFORMETRICS	2011	353	6.238.166 Bibliometrics

续表

论文标题	作者	来源	出版年	被引频次	CT3
A Hirsch-type index for journals	Braun, Tibor; Glanzel, Wolfgang; Schubert, Andras	SCIENTOMETRICS	2006	349	6.238.166 Bibliometrics
Which h-index? - A comparison of WoS, Scopus and Google Scholar	Bar-Ilan, Judit	SCIENTOMETRICS	2008	348	6.238.166 Bibliometrics
NEW BIBLIOMETRIC TOOLS FOR THE ASSESSMENT OF NATIONAL RESEARCH PERFORMANCE - DATABASE DESCRIPTION, OVERVIEW OF INDICATORS AND FIRST APPLICATIONS	Moed, HF; Debruin, RE; vanLeeuwen, TN	SCIENTOMETRICS	1995	338	6.238.166 Bibliometrics
Studying research collaboration using co-authorships	Melin, G; Persson, O.	SCIENTOMETRICS	1996	334	6.238.166 Bibliometrics
The bibliometric analysis of scholarly production: How great is the impact?	Ellegaard, Ole; Wallin, Johan A.	SCIENTOMETRICS	2015	332	6.238.166 Bibliometrics
Diversity and network coherence as indicators of interdisciplinarity: case studies in bionanoscience	Rafols, Ismael; Meyer, Martin	SCIENTOMETRICS	2010	330	6.238.166 Bibliometrics

续表

论文标题	作者	来源	出版年	被引频次	CT3
Journal impact measures in bibliometric research	Glanzel, W.; Moed, HF	SCIENTOMETRICS	2002	328	6.238.166 Bibliometrics
Measuring contextual citation impact of scientific journals	Moed, Henk F.	JOURNAL OF INFORMETRICS	2010	322	6.238.166 Bibliometrics
Citation-based clustering of publications using CitNetExplorer and VOSviewer	van Eck, Nees Jan; Waltman, Ludo	SCIENTOMETRICS	2017	319	6.238.166 Bibliometrics
Sleeping Beauties in science	van Raan, AFJ	SCIENTOMETRICS	2004	311	6.238.166 Bibliometrics
The literature of bibliometrics, scientometrics, and informetrics	Hood, WW; Wilson, CS	SCIENTOMETRICS	2001	307	6.238.166 Bibliometrics
Is it possible to compare researchers with different scientific interests?	Batista, Pablo D.; Campiteli, Monica G.; Kinouchi, Osame; Martinez, Alexandre S.	SCIENTOMETRICS	2006	306	6.238.166 Bibliometrics
RELATIVE INDICATORS AND RELATIONAL CHARTS FOR COMPARATIVE - ASSESSMENT OF PUBLICATION OUTPUT AND CITATION IMPACT	Schubert, A; Braun, T.	SCIENTOMETRICS	1986	305	6.238.166 Bibliometrics

续表

论文标题	作者	来源	出版年	被引频次	CT3
PATENT STATISTICS AS INDICATORS OF INNOVATIVE ACTIVITIES – POSSIBILITIES AND PROBLEMS	Pavitt, K.	SCIENTOMETRICS	1985	304	6.3.2 Knowledge Management
TOWARD A DEFINITION OF BIBLIOMETRICS	Broadus, RN	SCIENTOMETRICS	1987	298	6.238.166 Bibliometrics
Problems of citation analysis	Macroberts, MH; MacRoberts, BR	SCIENTOMETRICS	1996	293	6.238.166 Bibliometrics
Inflationary bibliometric values: The role of scientific collaboration and the need for relative indicators in evaluative studies	Persson, O; Glanzel, W; Danell, R.	SCIENTOMETRICS	2004	292	6.238.166 Bibliometrics
A new approach to the metric of journals' scientific prestige: The SJR indicator	Gonzalez – Pereira, Borja; Guerrero – Bote, Vicente P.; Moya – Anegon, Felix	JOURNAL OF INFORMETRICS	2010	288	6.238.166 Bibliometrics

续表

论文标题	作者	来源	出版年	被引频次	CT3
SCIENTIFIC COOPERATION IN EUROPE AND THE CITATION OF MULTINATIONALLY AUTHORED PAPERS	Narin, F.; Stevens, K.; Whitlow, ES	SCIENTOMETRICS	1991	287	6.238.166 Bibliometrics
Sentiment analysis: A combined approach	Prabowo, Rudy; Thelwall, Mike	JOURNAL OF INFORMETRICS	2009	286	4.48.672 Natural Language Processing
GEOGRAPHICAL PROXIMITY AND SCIENTIFIC COLLABORATION	Katz, JS	SCIENTOMETRICS	1994	281	6.238.166 Bibliometrics
Reflections on scientific collaboration, (and its study): past, present, and future	Beaver, DD	SCIENTOMETRICS	2001	268	6.238.166 Bibliometrics
Mapping knowledge structure by keyword co-occurrence: a first look at journal papers in Technology Foresight	Su, Hsin-Ning; Lee, Pei-Chun	SCIENTOMETRICS	2010	268	6.238.166 Bibliometrics
Impact of bibliometrics upon the science system: Inadvertent consequences?	Weingart, P.	SCIENTOMETRICS	2005	268	6.238.166 Bibliometrics

续表

论文标题	作者	来源	出版年	被引频次	CT3
Journal status	Bollen, Johan; Rodriguez, Marko A.; Van de Sompel, Herbert	SCIENTOMETRICS	2006	257	6.238.166 Bibliometrics
Finding scientific gems with Google's PageRank algorithm	Chen, P.; Xie, H.; Maslov, S.; Redner, S.	JOURNAL OF INFORMETRICS	2007	255	6.238.166 Bibliometrics
Towards a new crown indicator: Some theoretical considerations	Waltman, Ludo; van Eck, Nees Jan; van Leeuwen, Thed N.; Visser, Martijn S.; van Raan, Anthony F. J.	JOURNAL OF INFORMETRICS	2011	250	6.238.166 Bibliometrics
Constructing bibliometric networks: A comparison between full and fractional counting	Perianes-Rodriguez, Antonio; Waltman, Ludo; van Eck, Nees Jan	JOURNAL OF INFORMETRICS	2016	249	6.238.166 Bibliometrics
The h-index: Advantages, limitations and its relation with other bibliometric indicators at the micro level	Costas, Rodrigo; Bordons, Maria	JOURNAL OF INFORMETRICS	2007	246	6.238.166 Bibliometrics

附表 3 D_{CT} 中 Top50 高被引文章

论文标题	作者	来源	出版年	被引频次
An index to quantify an individual's scientific research output	Hirsch, JE	PROCEEDINGS OF THE NATIONAL ACADEMY OF SCIENCES OF THE UNITED STATES OF AMERICA	2005	4955
Software survey: VOSviewer, a computer program for bibliometric mapping	van Eck, Nees Jan; Waltman, Ludo	SCIENTOMETRICS	2010	3097
CiteSpace II: Detecting and visualizing emerging trends and transient patterns in scientific literature	Chen, CM	JOURNAL OF THE AMERICAN SOCIETY FOR INFORMATION SCIENCE AND TECHNOLOGY	2006	1588
The increasing dominance of teams in production of knowledge	Wuchty, Stefan; Jones, Benjamin F.; Uzzi, Brian	SCIENCE	2007	1431
Comparison of PubMed, Scopus, Web of Science, and Google Scholar: strengths and weaknesses	Falagas, Matthew E.; Pitsouni, Eleni I.; Malietzis, George A.; Pappas, Georgios	FASEB JOURNAL	2008	1294

论文标题	作者	来源	出版年	被引频次
What is research collaboration?	Katz, JS; Martin, BR	RESEARCH POLICY	1997	1293
Why the impact factor of journals should not be used for evaluating research	Seglen, PO	BRITISH MEDICAL JOURNAL	1997	1257
Theory and practise of the g – index	Egghe, Leo	SCIENTOMETRICS	2006	1017
bibliometrix: An R – tool for comprehensive science mapping analysis	Aria, Massimo; Cuccurullo, Corrado	JOURNAL OF INFORMETRICS	2017	967
Coauthorship networks and patterns of scientific collaboration	Newman, MEJ	PROCEEDINGS OF THE NATIONAL ACADEMY OF SCIENCES OF THE UNITED STATES OF AMERICA	2004	910
The journal coverage of Web of Science and Scopus: a comparative analysis	Mongeon, Philippe; Paul – Hus, Adele	SCIENTOMETRICS	2016	802
Visualizing a discipline: An author co – citation analysis of information science, 1972 – 1995	White, HD; McCain, KW	JOURNAL OF THE AMERICAN SOCIETY FOR INFORMATION SCIENCE	1998	749
The impact of research collaboration on scientific productivity	Lee, S.; Bozeman, B.	SOCIAL STUDIES OF SCIENCE	2005	744

续表

论文标题	作者	来源	出版年	被引频次
Bibliometric Methods in Management and Organization	Zupic, Ivan; Cater, Tomaz	ORGANIZATIONAL RESEARCH METHODS	2015	735
Social network analysis: a powerful strategy, also for the information sciences	Otte, E; Rousseau, R.	JOURNAL OF INFORMATION SCIENCE	2002	720
The scientific impact of nations	King, DA	NATURE	2004	711
Science Mapping Software Tools: Review, Analysis, and Cooperative Study Among Tools	Cobo, M. J.; Lopez-Herrera, A. G.; Herrera-Viedma, E.; Herrera, F.	JOURNAL OF THE AMERICAN SOCIETY FOR INFORMATION SCIENCE AND TECHNOLOGY	2011	677
Visualizing knowledge domains	Borner, K.; Chen, CM; Boyack, KW	ANNUAL REVIEW OF INFORMATION SCIENCE AND TECHNOLOGY	2003	660
What do citation counts measure? A review of studies on citing behavior	Bornmann, Lutz; Daniel, Hans-Dieter	JOURNAL OF DOCUMENTATION	2008	658
Searching for intellectual turning points: Progressive knowledge domain visualization	Chen, CM	PROCEEDINGS OF THE NATIONAL ACADEMY OF SCIENCES OF THE UNITED STATES OF AMERICA	2004	658

续表

论文标题	作者	来源	出版年	被引频次
AUTHOR COCITATION – A LITERATURE MEASURE OF INTELLECTUAL STRUCTURE	White, HD; Griffith, BC	JOURNAL OF THE AMERICAN SOCIETY FOR INFORMATION SCIENCE	1981	633
A guide for naming research studies in Psychology	Montero, Ignacio; Leon, Orfelio G.	INTERNATIONAL JOURNAL OF CLINICAL AND HEALTH PSYCHOLOGY	2007	619
FROM TRANSLATIONS TO PROBLEMATIC NETWORKS – AN INTRODUCTION TO CO – WORD ANALYSIS	Callon, M.; Courtial, JP; Turner, WA; Bauin, S.	SOCIAL SCIENCE INFORMATION SUR LES SCIENCES SOCIALES	1983	612
A unified approach to mapping and clustering of bibliometric networks	Waltman, Ludo; van Eck, Nees Jan; Noyons, Ed C. M.	JOURNAL OF INFORMETRICS	2010	588
CO – WORD ANALYSIS AS A TOOL FOR DESCRIBING THE NETWORK OF INTERACTIONS BETWEEN BASIC AND TECHNOLOGICAL RESEARCH – THE CASE OF POLYMER CHEMISTRY	Callon, M; Courtial, JP; Laville, F.	SCIENTOMETRICS	1991	587
Impact of data sources on citation counts and rankings of LIS faculty: Web of science versus scopus and google scholar	Meho, Lokman I.; Yang, Kiduk	JOURNAL OF THE AMERICAN SOCIETY FOR INFORMATION SCIENCE AND TECHNOLOGY	2007	569

续表

论文标题	作者	来源	出版年	被引频次
THE MATTHEW EFFECT IN SCIENCE. 2. CUMULATIVE ADVANTAGE AND THE SYMBOLISM OF INTELLECTUAL PROPERTY	Merton, RK	ISIS	1988	566
Team assembly mechanisms determine collaboration network structure and team performance	Guimera, R.; Uzzi, B.; Spiro, J.; Amaral, LAN	SCIENCE	2005	546
The Structure and Dynamics of Cocitation Clusters: A Multiple-Perspective Cocitation Analysis	Chen, Chaomei; Ibekwe-SanJuan, Fidelia; Hou, Jianhua	JOURNAL OF THE AMERICAN SOCIETY FOR INFORMATION SCIENCE AND TECHNOLOGY	2010	524
Does the h index have predictive power?	Hirsch, J. E.	PROCEEDINGS OF THE NATIONAL ACADEMY OF SCIENCES OF THE UNITED STATES OF AMERICA	2007	524
Changes in the intellectual structure of strategic management research: A bibliometric study of the Strategic Management Journal, 1980—2000	Ramos-Rodriguez, AR; Ruiz-Navarro, J.	STRATEGIC MANAGEMENT JOURNAL	2004	523

续表

论文标题	作者	来源	出版年	被引频次
Forecasting emerging technologies: Use of bibliometrics and patent analysis	Daim, Tugrul U.; Rueda, Guillenno; Martin, Hilary; Gerdsri, Pisek	TECHNOLOGICAL FORECASTING AND SOCIAL CHANGE	2006	519
Co – Citation Analysis, Bibliographic Coupling, and Direct Citation: Which Citation Approach Represents the Research Front Most Accurately?	Boyack, Kevin W.; Klavans, Richard	JOURNAL OF THE AMERICAN SOCIETY FOR INFORMATION SCIENCE AND TECHNOLOGY	2010	508
Network structure, self – organization, and the growth of international collaboration in science	Wagner, CS; Leydesdorff, L.	RESEARCH POLICY	2005	505
Who's Afraid of Peer Review?	Bohannon, John	SCIENCE	2013	500
PEER – REVIEW PRACTICES OF PSYCHOLOGICAL JOURNALS – THE FATE OF ACCEPTED, PUBLISHED ARTICLES, SUBMITTED AGAIN	Peters, DP; Ceci, SJ	BEHAVIORAL AND BRAIN SCIENCES	1982	499
Mapping the backbone of science	Boyack, KW; Klavans, R.; Borner, K.	SCIENTOMETRICS	2005	487
A general framework for analysing diversity in science, technology and society	Stirling, Andy	JOURNAL OF THE ROYAL SOCIETY INTERFACE	2007	479

续表

论文标题	作者	来源	出版年	被引频次
MAPPING AUTHORS IN INTELLECTUAL SPACE – A TECHNICAL OVERVIEW	McCain, KW	JOURNAL OF THE AMERICAN SOCIETY FOR INFORMATION SCIENCE	1990	477
Multidisciplinarity, interdisciplinarity and transdisciplinarity in health research, services, education and policy: 1. Definitions, objectives, and evidence of effectiveness	Choi, Bernard C. K.; Pak, Anita W. P.	CLINICAL AND INVESTIGATIVE MEDICINE	2006	472
Atypical Combinations and Scientific Impact	Uzzi, Brian; Mukherjee, Satyam; Stringer, Michael; Jones, Ben	SCIENCE	2013	469
THE SKEWNESS OF SCIENCE	Seglen, PO	JOURNAL OF THE AMERICAN SOCIETY FOR INFORMATION SCIENCE	1992	468
Universality of citation distributions: Toward an objective measure of scientific impact	Radicchi, Filippo; Fortunato, Santo; Castellano, Claudio	PROCEEDINGS OF THE NATIONAL ACADEMY OF SCIENCES OF THE UNITED STATES OF AMERICA	2008	465
An approach for detecting, quantifying, and visualizing the evolution of a research field: A practical application to the Fuzzy Sets Theory field	Cobo, M. J.; Lopez–Herrera, A. G.; Herrera–Viedma, E.; Herrera, F.	JOURNAL OF INFORMETRICS	2011	462

续表

论文标题	作者	来源	出版年	被引频次
PROBLEMS OF CITATION ANALYSIS - A CRITICAL - REVIEW	Macroberts, MH; MacRoberts, BR	JOURNAL OF THE AMERICAN SOCIETY FOR INFORMATION SCIENCE	1989	461
Growth rates of modern science: A bibliometric analysis based on the number of publications and cited references	Bornmann, Lutz; Mutz, Ruediger	JOURNAL OF THE ASSOCIATION FOR INFORMATION SCIENCE AND TECHNOLOGY	2015	461
Visualizing science by citation mapping	Small, H.	JOURNAL OF THE AMERICAN SOCIETY FOR INFORMATION SCIENCE	1999	460
The structure of a social science collaboration network: Disciplinary cohesion from 1963 to 1999	Moody, J.	AMERICAN SOCIOLOGICAL REVIEW	2004	455
Do Altmetrics Work? Twitter and Ten Other Social Web Services	Thelwall, Mike; Haustein, Stefanie; Lariviere, Vincent; Sugimoto, Cassidy R.	PLOS ONE	2013	447
Scientists' collaboration strategies: implications for scientific and technical human capital	Bozeman, B.; Corley, E.	RESEARCH POLICY	2004	445